Sitzungsberichte
der Akademie der Wissenschaften
der DDR
Mathematik – Naturwissenschaften – Technik

6 N

1982

E. Ehwald, K. Dörter, R. Junghans

Probleme der Landeskultur und der Lärmbekämpfung

AKADEMIE-VERLAG · BERLIN

Sitzungsberichte
der Akademie der Wissenschaften
der DDR
Mathematik — Naturwissenschaften — Technik

Jahrgang 1982 · Nr. 6/N

E. Ehwald, K. Dörter, R. Junghans

Probleme der Landeskultur und der Lärmbekämpfung

AKADEMIE-VERLAG · BERLIN
1982

Vorträge aus der Klasse Umweltschutz
und Umweltgestaltung der Akademie der
Wissenschaften der DDR vom 23. 10. 1980,
29. 1. 1981 und 2. 4. 1981

Herausgegeben im Auftrage
des Präsidenten der Akademie
der Wissenschaften der DDR
von Vizepräsident Prof. Dr. Heinrich Scheel

ISSN 0138—3965
Erschienen im Akademie-Verlag, DDR-1086 Berlin, Leipziger Str. 3—4

Lizenznummer: 202 · 100/60/82
Gesamtherstellung: VEB Druckhaus Köthen
Bestellnummer: 763 087 8 (2010/82/6/N) LSV 4575
Printed in GDR
DDR 7,— M

Inhalt

Ernst Ehwald

Bemerkungen zur Veränderlichkeit der natürlichen Umweltkomponenten unter dem Einfluß von Naturfaktoren sowie der land- und forstwirtschaftlichen Nutzung

Daß unsere Umwelt durch Einwirkungen der menschlichen Gesellschaft verändert wird, ist das Grundproblem von Umweltschutz und Umweltgestaltung. Daß sich in unserer Umwelt darüber hinaus auch natürliche Veränderungen vollziehen, gehört zu unseren alltäglichen Erfahrungen und ist Forschungsgegenstand der Ökologie und zahlreicher anderer Wissenschaften bzw. Wissenschaftszweige wie Phänologie, Sukzessionslehre und Populationsdynamik, Vegetations- und Faunengeschichte, Meteorologie und Klimageschichte, Bodengenetik, Quartärgeologie und Landschaftsgeschichte. Diese natürlichen Veränderungen werden, wie ebenfalls gut bekannt ist, durch die land- und forstwirtschaftliche Nutzung verstärkt oder abgeschwächt, ausgelöst oder gestoppt, wie umgekehrt die Bodennutzung durch sie immer wieder beeinflußt wird. Und doch wird immer wieder übersehen, in welch komplizierter Weise sich die Wirkungen natürlicher Vorgänge und menschlicher Eingriffe verflechten, und wie verschieden ihre Nebenwirkungen in den einzelnen Komponenten der Umwelt sind. Daher werden immer wieder Veränderungen in der Umwelt, die überwiegend oder zum Teil durch Naturfaktoren verursacht wurden, ausschließlich menschlichen Einflüssen zugeschrieben, oder — umgekehrt — natürliche Entwicklungen, die durch die Landnutzung verursacht wurden, nicht vorausgesehen oder zu spät bemerkt.

Das zeigt sich nicht nur bei der Beurteilung praktischer Fragen des Natur- und Landschaftsschutzes sowie der land- und forstwirtschaftlichen Nutzung, sondern äußert sich auch in wissenschaftlichen Auffassungen der an Problemen der Landschaftsentwicklung beteiligten Naturwissenschaften bis hin zur Fassung von Grundbegriffen der Ökologie und Geographie.

Unter den *Komponenten der natürlichen Umwelt* sollen hier die Komponenten der Geosysteme verstanden werden, in denen sich die land- und forstwirtschaftliche Nutzung vollzieht und in denen sich der in Feld und Wald arbeitende oder dort Erholung suchende Mensch bewegt.

Geosysteme (Sočava 1963, 1978; Neef u. a. 1973) sind bekanntlich Ökosysteme im Sinne von Ausschnitten aus der Biossphäre (s. Anm. 1) die in vertikaler Richtung annähernd vollständig sind, also den Kern der Biosphäre — auf dem Festland Boden und Vegetation — sowie die angrenzenden Schichten des Gesteinsuntergrundes und der Atmosphäre umfassen, soweit diese mit Boden und Vegetation durch Stoff- und Energieeinflüsse verbunden sind. Eine ganze Landschaft mit ihrem komplizierten Mosaik aus quasihomogenen Teilarealen (Geomeren bzw. Geotopen) ist demnach ebenso ein Geosystem wie diese Mosaikbausteine, die als Grundelemente der geoökologischen Kartierung und Bewertung dienen. Sie sollen im folgenden, nach einem Vorschlag von SUKAČEV (SUKAČEV, DYLIS 1964) als Biogeozönosen bezeichnet werden (vgl. auch SOČAVA 1978), wie das in der Geobotanik, Forstökologie und Bodenkunde vielfach üblich ist. Hauptkomponenten der Biogeozönosen sind demnach deren Subsysteme: Boden, Vegetation und Tierwelt, der bodennahe Gesteinsuntergrund und die Vegetationsnahen Schichten der Atmosphäre.

Veränderlichkeit hat verschiedene Aspekte. Sie äußert sich entweder in der Neigung zu periodischen (zyklischen, rhythmischen) oder auch aperiodischen Zustandsänderungen, die, über einen genügend langen Zeitraum betrachtet, als Schwankungen um einen Mittelwert erscheinen, oder aber in der Bereitschaft zu einseitig gerichteten Veränderungen. In beiden Fällen können Veränderungen der Außenbedingungen oder innere Ursachen verantwortlich sein. Besonders wesentlich erscheint die Frage, ob die Änderungen reversibel oder irreversibel sind, wie groß der Zeitbedarf für die völlige Ausprägung neuer Eigenschaften („Bildungszeit“) bzw. für das Verschwinden bestehender Eigenschaften („Löschzeit“) ist, und inwieweit der jeweilige Zustand des Systems bzw. der Systemkomponente auch seine Vorgeschichte widerspiegelt, inwieweit das System also „Informationen“ über seine Vorgeschichte enthält, ein „Gedächtnis“ im kybernetischen Sinn besitzt (s. Anm. 2).

Offensichtlich ist die Veränderlichkeit der einzelnen Hauptkomponenten der Biogeozönosen sehr unterschiedlich, insbesondere auch der Grad, in dem sie von ihrer Vorgeschichte geprägt sind. Entsprechend verschieden ist auch ihre Empfindlichkeit gegenüber land- und forstwirtschaftlichen oder sonstigen menschlichen Eingriffen sowie das Ausmaß, in dem ihr jeweiliger Zustand durch natürliche Einflüsse einerseits, durch anthropogene Einwirkungen andererseits bestimmt ist.

Der Ausschnitt aus der *Atmosphäre,* der mit Vegetation und Boden im Stoff- und Energieaustausch steht, ändert sich bekanntlich in seiner Zusammensetzung und seinen Eigenschaften ständig — sowohl zyklisch als auch aperiodisch. Vor allem aber sind es ständig andere Luftmassen unterschiedlicher Herkunft, die mit Vegetation und Boden in Berührung kommen: Die atmosphärische Komponente der Biogeozönosen und Landschaften wechselt laufend. Zustand und Eigenschaften der vegetationsnahen Luftschichten werden außerdem an Ort und Stelle durch die Vegetation sowie Form und Beschaffenheit der Bodenoberfläche beeinflußt und schließlich durch Einwirkungen, welche die Luftmassen auf ihrem Wege zur jeweiligen Biogeozönose erfahren haben. Das Verhältnis dieser beiden Komplexe von Einflußfaktoren ist bei unterschiedlichen Luftmassen sehr verschieden, so ist der örtliche Einfluß bekanntlich bei ruhenden oder langsam strömenden Luftmassen besonders groß. Die land- und forstwirtschaftliche Nutzung kann — von

Ausnahmen im Gartenbau abgesehen — nur mittelbar einwirken, nämlich über die Vegetation — einschließlich der Flurgestaltung. Diese verändert die Eigenschaften und Wirkungen der Luftmassen auch für benachbarte Biogeozönosen. So begünstigen große offene Felder nicht nur den Windabtrag aus der Ackerkrume vegetationsfreier Schläge sondern auch die Sand- und Staubablagerung in angrenzenden Hohlformen und den feldnahen Randzonen benachbarter Waldflächen. Diese Wirkungen sind über lange Zeiten hinweg sehr erheblich und prägen z. T. die Oberflächenformen und die Struktur der Bodendecke großer Gebiete in bedeutendem Umfang. Das trifft selbst für viele Waldgebiete unserer mittleren Bezirke zu, die in früheren Jahrhunderten zeitweise landwirtschaftlich genutzt waren, d. h. für etwa ein Drittel der heutigen Waldfläche. In der Umgebung von Saarmund (südlich Potsdam) ist es z. B. fast unmöglich, ungestörte Waldbodenprofile zu finden. Man trifft vielmehr junge Böden auf den zahlreichen jungen Flugsandfeldern und Dünen, z. T. über begrabenen Ackerkrumen oder über Unterbodenhorizonten früherer Waldböden, deren Oberboden vor der Überwehung abgetragen wurde.

Unmittelbar wird der Zustand der eine Biogeozönose erreichenden Luftmassen durch Emissionen von Industriestäuben und -gasen beeinflußt, die sie auf ihrem Wege aufnimmt. Man denkt in diesem Zusammenhang natürlich an Rauchschäden und ähnliche ungünstige Auswirkungen — es gibt jedoch auch andere, mindestens teilweise positive Wirkungen, die oft übersehen werden. Die industriebürtigen Stickstoffverbindungen, welche die Luftmassen auf ihrem Wege aufnehmen und die oft fernab mit den Niederschlägen in den Boden gelangen, scheinen für den Stickstoffhaushalt von Wäldern und anderen ungedüngten Pflanzengesellschaften eine zunehmend größere Rolle zu spielen. Zum Beispiel dürfte sich daraus auch der nach 100 Jahren noch immer relativ ansehnliche Ertrag der ungedüngten Parzellen des „Ewige Roggenbau"-Versuchs in Halle wenigstens teilweise erklären (vgl. Stumpe 1979).

Die genannten Einflüsse führen — jedenfalls in den hier betrachteten Dimensionen — zwar bei langer Dauer zu nachhaltigen Veränderungen in anderen Komponenten der Biogeozönose, aber nicht in der atmosphärischen Komponente selbst: Wenn eine Emissionsquelle nicht mehr emittiert, verschwinden die betreffenden Beimengungen sofort aus den die Biogeozönose erreichenden Luftmassen.

Im Gegensatz zur Atmosphäre ist der mehr oder weniger unbelebte Teil der Verwitterungsrinde, der mit Boden und Vegetation in Wechselwirkung steht, der *Untergrund,* im wesentlichen unveränderlich und durch seine eigene geologische Vorgeschichte relativ dauerhaft geprägt, die im allgemeinen vor dem Entwicklungsbeginn der Biogeozönose liegt. Er ist deshalb in vielen seiner Eigenschaften zwar ein Ausdruck der Landschaftsentwicklung, aber nur in sehr geringem Maße Ergebnis der Entwicklung der jeweiligen Biogeozönose. Immerhin sind Fälle denkbar, wo es unter der Einwirkung schwerwiegender Eingriffe in den Landschaftshaushalt auch zu merklichen Veränderungen im Untergrund kommt, z. B. durch Ausscheidung von Stoffen aus eingebrachtem Abwasser.

Die Frage nach der Veränderlichkeit der Umweltkomponenten konzentriert sich daher auf die Veränderlichkeit von Lebewelt und Boden (einschließlich Grundwasser), die sich bekanntlich unter natürlichen, vom Menschen unbeeinflußten Bedingungen gemeinsam entwickeln. Jedoch spiegelt sich die bisherige Entwicklungsgeschichte der Biogeozönose in der Lebewelt einerseits, dem Boden andererseits ganz unterschiedlich wider: Vegetation und Tierwelt sind im wesentlichen Ausdruck des aktuellen Zustandes der übrigen Systemkomponenten, sie sind auch durch land- und forstwirtschaftliche Maßnahmen oft völlig oder doch erheblich verändert. Dagegen paßt sich der Boden dem Zustand der übrigen Systemkomponenten nur beschränkt an und wird auch durch die Land- und Forstwirtschaft nur in bestimmten Eigenschaften verändert, während viele andere Eigenschaften das Ergebnis von Prozessen sind, die sehr viel Zeit benötigen oder in der Vergangenheit unter völlig anderen Bedingungen abgelaufen sind. Das „Gedächtnis" von Vegetation und Tierwelt einerseits, dem Boden andererseits ist sehr unterschiedlich.

Veränderungen von *Vegetation und Fauna* im Rahmen einer Biogeozönose sind entweder Änderungen im Artenbestand oder im Mengenverhältnis der vorhandenen Arten oder aber in deren Entwicklungsphasen. Sie können durch unmittelbare menschliche Eingriffe verursacht sein oder durch natürliche oder anthropogene Umweltveränderungen, ferner durch das Eindringen neuer Arten — sie können aber auch auf inneren Ursachen beruhen, z. B. dem unterschiedlichen Lebensrhythmus der beteiligten Organismen. Aber auch alle durch äußere Einwirkungen bedingten Veränderungen führen zu veränderten Wechselbeziehungen zwischen den Gliedern der Lebensgemeinschaft. Wesentlich sind vor allem die Konkurrenz zwischen den einzelnen Individuen bzw. zwischen Arten, die gleichartige oder doch in Bezug auf bestimmte Lebensbedingungen gleichartige Ansprüche an die Standortverhältnisse stellen, sowie die Beziehungen zwischen den Gliedern von Nahrungsketten und zwischen Wirten und Parasiten.

Geht man vom Verhältnis zwischen natürlichen und anthropogenen Ursachen sowie von der Nachwirkung der Veränderungen aus, so lassen sich u. a. folgende Gruppen bilden:

1. Periodische — insbesondere tages- und jahreszeitlich bedingte — Veränderungen in Vegetation und Tierwelt. In Wäldern und einigen anderen Typen von Biogeozönosen laufen sie mehr oder minder unbeeinflußt vom Menschen ab, auf landwirtschaftlich genutzten Flächen werden sie jedoch durch Saat, Pflege und Ernte, mittelbar auch durch Düngung und Einsatz von Herbiziden und Insektiziden weitgehend beeinflußt. Diese periodischen Änderungen in Vegetation und Tierwelt sind teilweise sehr auffällig, sie stellen in unseren Breiten eine für den Menschen außerordentlich wichtige Umweltqualität dar, und zwar nicht nur für den in Feld oder Wald arbeitenden oder dort Erholung suchenden Menschen, sondern sogar in den Wohngebieten. Um so bemerkenswerter ist es, daß durch die Intensivierung der Landwirtschaft zahlreiche, früher sehr auffällige jahreszeitliche Veränderungen der Vegetation weitgehend zurückgedrängt worden sind, z. B. die durch das massenhafte Blühen bestimmter Wiesenpflanzen bedingten

Aspekte extensiv bewirtschafteter Mähwiesen — ein Problem, das in der Umgebung von Erholungszentren größerer Aufmerksamkeit bedürfte als bisher.

2. Veränderungen, die sich aus dem Wachstumsverlauf langlebiger Pflanzen, insbesondere von Waldbäumen ergeben und sich auf die Zusammensetzung, Vitalität und Lebensabläufe anderer Gruppen der Vegetation, z. B. die Bodenflora, stark auswirken. Sie sind im schlagweisen Wirtschaftswald stärker ausgeprägt als in vielen Naturwäldern, obwohl sie auch dort keineswegs fehlen. In einem Kiefern- oder Fichtenwalde folgt z. B. einem durch zahlreiche, oft auffällig blühende Schlagpflanzen gekennzeineten Kahlschlag- und Anwuchsstadium ein Dickungsstadium, oft völlig ohne Bodenflora, während sich im Baum- und Altholzstadium wieder eine mehr oder minder reiche Bodenflora einfindet. Der Einfluß forstlicher Maßnahmen beschränkt sich meist auf den Holzeinschlag und die Kulturbegründung. Durch den Holzeinschlag wird vor allem der Strahlungsgenuß, aber indirekt auch die Nährstoffversorgung der Bodenflora verändert. In neuerer Zeit kommt der Einsatz von Mineraldüngern und Herbiziden hinzu. Wenn man das Ausmaß der anthropogenen Beeinflussung in den einzelnen Wachstumsphasen vergleicht, so ist es sicher im Kahlschlagsstadium am größten, im Dickungsstadium am geringsten — deshalb ist es eine unzulässige Vereinfachung, wenn man Waldbeständen ohne Bodenflora einen geringeren Natürlichkeitsgrad zubilligt als solchen mit sekundärer Bodenvegetation (Schlüter 1980 b). Auch diese Gruppe von Veränderungen hat periodischen Charakter, wenn die einzelnen Perioden auch wesentlich länger dauern. Ihre Nachwirkung in der Vegetation ist aber ebenfalls verhältnismäßig kurzfristig.

3. Veränderungen, die sich aus den Wechselbeziehungen zwischen Wirten und Parasiten, Räubern und Beutetieren usw. ergeben. Sie stellen im allgemeinen Populationsschwankungen um einen Mittelwert dar, haben also mehr oder minder reversiblen Charakter. Extreme Schwankungen können sich jedoch — auch unter natürlichen Bedingungen — nachhaltiger bemerklich machen, z. B. wenn es zum Kahlfraß in Waldbeständen kommt. Diese Populationsschwankungen werden zum Teil durch Änderungen der Außenbedingungen, z. B. durch Witterungsschwankungen, oder auch durch menschliche Eingriffe ausgelöst, andererseits durch Pflanzenschutzmaßnahmen usw. eingeschränkt. Bei nachhaltiger Veränderung der Außenbedingungen oder beim Eindringen neuer Schädlinge oder Parasiten können sich die Verhältnisse aber auch grundsätzlich verschieben, und die Lebensgemeinschaft kann instabil werden, z. B. in Rauchschadengebieten. Oft ist es ungemein schwierig, den Einfluß natürlicher Faktoren, z. B. von Trockenjahren, menschlichen Eingriffen und sog. „inneren Ursachen" auch nur einigermaßen abzuschätzen. Ein Beispiel ist das sog. Tannensterben, das zur Zeit in Süddeutschland wieder verstärkt auftritt und in den Massenmedien meist kurzerhand als Ergebnis der Umweltverschmutzung heftig diskutiert wird. Tatsächlich wird darüber in der forstlichen Literatur seit etwa 150 Jahren berichtet (vgl. Wachter 1978). Es kommt wohl ein ganzer Komplex von Ursachen in Betracht wie falsche waldbauliche Behandlung, Trockenjahre, die Einschleppung der Tannentrieblaus

aus dem Kaukasusgebiet im vorigen Jahrhundert — in manchen Gebieten spielen ganz offenbar auch Rauchschäden eine wesentliche Rolle, zumal die Weißtanne dagegen besonders empfindlich ist.

Ähnlich wie die genannten Wechselbeziehungen zwischen verschiedenen Organismengruppen sind Veränderungen zu werten, die noch relativ wenig erforscht sind — zumindest in naturnahen Biogeozönosen — und vielfach mit der sog. „Selbstunverträglichkeit" oder mit Besonderheiten der Verbreitungsbiologie zu erklären sein dürften. So hatte Schmucker vor einigen Jahrzehnten in den Wäldern um Göttingen durch Kartierungen zu verfolgen begonnen, wie sich Teppiche des Bärlauchs (Allium ursinum) von Jahr zu Jahr verschieben (Schmucker 1934) — leider ist mir keine abschließende Veröffentlichung darüber bekannt. Jedenfalls muß man mit derartigen räumlich-zeitlichen Verschiebungen in der Bodenflora von Wäldern rechnen, die sich nicht ohne weiteres durch die Bewirtschaftung, das Älterwerden der Bestände oder Witterungsschwankungen erklären lassen.

4. Veränderungen in der Vegetation, die durch natürliche oder anthropogene Veränderungen der abiotischen Glieder der Biogeozönose — insbesondere von Boden, Grundwasser und Klima — hervorgerufen werden. Für die Tierwelt kommen dazu noch Veränderungen in der Vegetation. Zu dieser Gruppe gehören zunächst die natürlichen, sog. primären Sukzessionen und die historische Vegetations- und Faunaentwicklung, soweit sie z. B. durch Klimaänderung, die Bodenentwicklung oder natürliche Veränderungen des Grundwasserstandes bedingt waren. Vor allem aber sind die Veränderungen zu nennen, die durch Melioration, Düngung, Flußregulierungen, Immissionen usw. verursacht wurden, ohne daß die Vegetation unmittelbar umgestaltet wurde. Es handelt sich dabei um Anpassungen von Vegetation und Tierwelt an neue Außenbedingungen; sie sind daher im Prinzip nur reversibel, wenn auch die Außenbedingungen in den früheren Zustand zurückkehren. Vielfach haben derartige Eingriffe, z. B. Grundwasserabsenkungen, auch Bodenveränderungen im Gefolge, die weitere Vegetationsveränderungen verursachen können.

In Vegetation und Tierwelt bleiben Merkmale des früheren Zustandes nur soweit erhalten, wie die neuen Außenbedingungen das zulassen. Der neue Zustand der Lebewelt läßt daher kaum Rückschlüsse auf den Ausgangszustand zu, allenfalls können einige Relikte aus dem alten Zustand — oft mit verminderter Vitalität — noch einige Zeit an den früheren Zustand erinnern. Das „Gedächtnis" der Vegetation ist in derartigen Fällen also sehr gering.

5. Ein wenig anders steht es mit den Nachwirkungen direkter Eingriffe in die Vegetation durch Rodung und Anbau standortsfremder Baumarten oder landwirtschaftlicher Kulturpflanzen, durch Ernte, Unkraut- und Schädlingsbekämpfung, Weide usw., aber auch mit den Nachwirkungen von Vegetationszerstörungen durch Naturvorgänge. Wenn diese Eingriffe nicht ständig wiederholt werden, kommen sog. sekundäre Sukzessionen in Gang, die sich dem Zustand vor den Eingriffen um so mehr nähern, je geringer die inzwischen eingetretenen Bodenveränderungen sind. Bei derartigen Sukzessionen können sich langlebige Glieder früherer

Stadien relativ lange Zeit in späteren Stadien erhalten — Beispiele sind etwa Wacholderbüsche in früher stark beweideten ortsnahen Wäldern, Überhälter einer früheren Bestandesgeneration sowohl in Wirtschaftswäldern als auch in von der Forstwirtschaft noch mehr oder weniger unberührten Wäldern. Länger als einige Jahrhunderte reicht aber das „Gedächtnis“ der Vegetation auch in solchen Fällen nicht zurück. Allerdings können in Wäldern und anderen Formen von Dauervegetation auch kurzlebige Arten Informationen über frühere Entwicklungsphasen vermitteln. So hat Krause (1950) zeigen können, daß sich in der Lüneburger Heide alte Waldböden und Heide- oder Ackeraufforstungen durch Vorhandensein oder Fehlen des Adlerfarns unterscheiden lassen — selbst ganz kleine, in einer Karte von 1770 verzeichnete Laubwaldinseln werden heute durch Adlerfarninseln in den sonst adlerfarnfreien Kiefernforsten der ehemaligen Heideflächen ausgewiesen. Ähnliches gilt für Relikte aus ehemaligen Gärten oder Friedhöfen, wie z. B. das Immergrün (Vinca minor), die in heute geschlossenen Waldgebieten auf alte Siedlungen hinweisen.

Als Informationen aus früheren Stadien der Vegetationsentwicklung könnte man auch die sog. Reliktarten betrachten, jedoch trifft das nur für die Vegetation ganzer
Jahrhunderte haben die Wälder bereits einförmiger werden lassen. In der Gegen-

Überblickt man die Vegetationsänderungen unter dem Einfluß land- und forstwirtschaftlicher Maßnahmen, so erscheint ein Gesichtspunkt für Umweltschutz und Umweltgestaltung besonders wichtig: In der Vergangenheit hat die land- und forstwirtschaftliche Nutzung lange Zeit die Mannigfaltigkeit von Vegetation und Tierwelt erhöht. So trat an Stelle weitgehend geschlossener Wälder ein buntes Mosaik von Äckern, Wiesen und Weiden, Schafhutungen und durch Übernutzung oft lückiger Wälder. Die umfangreichen Nadelholzbauten der letzten beiden Jahrhunderte haben die Wälder bereits einförmiger werden lassen. In der Gegenwart vermindern aber nun Intensivierung der Landwirtschaft und Urbanisierung die Mannigfaltigkeit von Flora und Fauna der gesamten Landschaft in bisher unbekanntem Ausmaß, so daß eine große Zahl von Pflanzen- und Tierarten, ja ganze Lebensgemeinschaften verschwunden oder stark gefährdet sind (Sukopp 1972, 1976; Rauschert u. a. 1978; Schlüter 1980 a; Benkert u. a. 1981). Für den einzelnen Standort sind seltene Pflanzenarten mit stark zerstreuten Vorkommen meist unwiderbringlich verloren, wenn sie einmal vernichtet oder verdrängt wurden, während bei manchen Tiergruppen, z. B. Vögeln eine Wiederbesiedlung möglich ist, wie die Beispiele Kolkrabe und Höckerschwan zeigen.

Zur Verarmung der Umwelt tragen nicht nur die speziellen Intensivierungsmaßnahmen bei, sondern auch die Einstellung der bisherigen (extensiven) Bewirtschaftung abgelegener und schwierig zu bewirtschaftender Flächen, sei es aus Arbeitskräftemangel, sei es wegen geringer Rentabilität. Dadurch kommen die bereits erwähnten sekundären Sukzessionen in Gang, also Entwicklungen unter dem Einfluß von Naturfaktoren: Wiesen, die nicht mehr gemäht werden, verwandeln sich rasch in Hochgräser- und Hochstaudenfluren, dann gehen sie, ebenso wie nicht mehr beweidete Trockenrasen, in Gebüsche und Wald über. Dabei werden viele seltene, z. T. schön blühende Arten der früheren extensiv genutzten „Halbkulturvegetation“ rasch verdrängt. Dadurch sind u. a. viele Talwiesen und Hangwiesen unserer Mittelgebirge, die einen Hauptreiz dieser Landschaften ausmachen, bedroht.

Da Intensivierung der Landwirtschaft im Interesse der Nahrungsgüter- und Rohstofferzeugung unbedingt notwendig ist, und die Urbanisierung sich schwerlich aufhalten läßt, müssen Maßnahmen ergriffen werden, um jede unnötige Verarmung unserer Umwelt zu verhindern, und — z. B. in Erholungsgebieten — die Mannigfaltigkeit unserer Umwelt womöglich wieder zu erhöhen, wofür neue Konzeptionen erforderlich sind. Der Schutz seltener Arten reicht dazu nicht mehr aus. Ohne einen gewissen Aufwand an Geld und Arbeit wird man nicht auskommen. Vielmehr ist es notwendig, durch ein Minimum von Pflegemaßnahmen wie Gehölzbeseitigung und Entfernung eines Teils der produzierten Biomasse durch Mahd, Beweidung oder Abbrennen usw. unerwünschte Sukzessionen zu verhindern. Beispiele dafür, die wertvolle Erfahrungen vermitteln, gibt es vor allem in Naturschutzgebieten (Succow 1975, Weinitschke u. Mitarb. 1976. Reichhoff und Böhnert 1978, Wegener 1980). Jedoch bedarf dieses landeskulturell wichtige Problem einer grundsätzlichen Lösung, die insbesondere auch den notwendigen Bedarf an Mitteln und Arbeitskräften sichert.

Ganz anders als Vegetation und Tierwelt verhält sich der *Boden*. Wie bereits erwähnt, sind zahlreiche Bodeneigenschaften das Ergebnis von Prozessen, die heute nicht mehr wirksam sind, sondern früheren Entwicklungsabschnitten der Biogeozönose oder gar der geologischen Vergangenheit angehörten, während andere durchaus dem gegenwärtigen Zustand der übrigen Komponenten der Biogeozönose entsprechen oder durch die land- und forstwirtschaftlichen Maßnahmen der Gegenwart geprägt sind. Dieser Tatbestand hat die sowjetischen Bodenkundler Targul'jan und Sokolov (1976, 1978) dazu geführt, von einer „Doppelnatur“ des Bodens zu sprechen (vgl. auch die kritischen Bemerkungen von A. A. Rode, 1980, dazu). Targul'jan und Sokolov sehen im Boden ein System mit zwei entgegengesetzten, aber sich ergänzenden Eigenschaftskomplexen, die sie als „počva — pamjat'“ und počva — moment“ bezeichnen. In freier Interpretation könnte man das durch „konservativen Charakter“ und „variablen Charakter“ oder auch durch „Gedächtnisnatur“ und „Anpassungsnatur“ des Bodens wiedergeben. Sie schätzten auch die sog. „charakteristischen Bildungs- bzw. Löschzeiten“ einer Reihe von Bodeneigenschaften ab, d. h. die Zeit, die notwendig ist bis zu einem annähernden Gleichgewicht zwischen einwirkender Faktorenkonstellation und der vollen Ausbildung der betreffenden Eigenschaft bzw. bis zu deren Verschwinden. Allerdings ist es, wie A. A. Rode mit Recht betont hat, für eine Reihe von Bodeneigenschaften, die vor allem zyklischen Schwankungen unterliegen, wenig sinnvoll, charakteristische Bildungszeiten“ anzugeben. Außerdem sind für zahlreiche Bodeneigenschaften die Bildungs- und Löschzeiten unter natürlichen Bedingungen einerseits, unter der Einwirkung landwirtschaftlicher Maßnahmen andererseits ganz verschieden. Schließlich können relativ rasch entstandene Eigenschaften sehr beständig sein, umgekehrt können Eigenschaften mit langer Bildungsdauer unter der Einwirkung veränderter Außenbedingungen oder unmittelbar menschlicher Eingriffe sich rasch verändern oder ganz verschwinden.

Eine auch nur annähernde Übersicht über die wichtigsten Bodeneigenschaften nach diesen Gesichtspunkten kann hier nicht gegeben werden. Im folgenden sollen lediglich einige Gruppen von Bodeneigenschaften herausgegriffen werden, deren Verhalten unter der Einwirkung natürlicher und anthropogener Faktoren charakteristische Unterschiede aufweist.

1. Zahlreiche Bodeneigenschaften sind vom Ausgangssubstrat ererbt, also vor der Entwicklung der gegenwärtigen Biogeozönose entstanden. Sie liefern keine Informationen über deren Entwicklung, wohl aber solche über die (geologische) Entwicklungsgeschichte des Ausgangsmaterials der Bodenbildung. Zu diesen Eigenschaften gehört z. B. der Bestand an schwer verwitterbaren Mineralen, darunter auch an dem unter unseren Klimabedingungen sehr beständigen Hämatit, das die rote Farbe mancher Gesteine und der daraus hervorgegangenen Böden verursacht. Die „Löschzeit“ ist meist außerordentlich lang — immerhin kann jedoch das rote Hämatit unter bestimmten Bedingungen im Laufe von Jahrtausenden in braune Eisenoxidminerale, z. B. Goethit, umgewandelt werden. Land- und forstwirtschaftliche Maßnahmen können diese Eigenschaften, jedenfalls mit vertretbarem Aufwand, nicht verändern.

2. Eine weitere Gruppe von Eigenschaften hat sich zwar während der Entwicklung der gegenwärtigen Biogeozönose herausgebildet, weist aber so lange Bildungszeiten auf, daß sie allenfalls Informationen über die durchschnittliche Intensität bestimmter Prozesse über den gesamten Zeitraum oder doch sehr lange Abschnitte der Bodenbildung, aber nicht über den Charakter einzelner Stadien liefern. Ihre „Löschzeiten“ sind unter natürlichen Bedingungen ebenfalls meist sehr hoch. Hierher gehört die Bildung vieler Mineralbodenhorizonte, die Bildung und Umbildung von Tonmineralen, soweit sie sich nicht aus dem Ausgangsmaterial in ihrer gegenwärtigen Form erhalten haben, aber auch die Auswaschungstiefe der Karbonate bzw. die Sättigung der Austauscher im Boden mit Kalziumionen. Viele dieser Eigenschaften sind auch gegen menschliche Einwirkungen sehr stabil, wenn man von tiefer Bodenbearbeitung absieht, andere sind dagegen relativ leicht zu verändern. So kann z. B. durch jahrtausendelange Auswaschung bedingte niedrige Kalziumsättigung durch Kalkung verhältnismäßig rasch und leicht beseitigt werden.

3. Zum „Gedächtnis“ des Bodens gehören vor allem auch Eigenschaften, die sich unter Einwirkung heute nicht mehr bestehender Faktorenkonstellationen gebildet haben. Sie haben hohen Informationswert nicht nur für die Bodengeschichte, sondern oft auch für die Geschichte der gesamten Biogeozönose. Grundwasserausscheidungen aus Eisen, Mangan und anderen Stoffen verschwinden z. B. auch nach Absenkung des Grundwassers nicht, sondern zeigen den ehemaligen Schwankungsbereich des Grundwassers an. In Ackerböden, die nach Waldrodung aus ehemaligen Podsolböden hervorgegangen sind, enthalten oft unter

der Ackerkrume noch Reste des Eisen-Aluminium-Anreicherungshorizontes, auch wenn die Rohhumusdecke, die seine Bildung verursacht hatte, längst verschwunden ist und die pH-Werte nach der Aufkalkung eine Eisenverlagerung gar nicht mehr zulassen. Selbst Eigenschaften, die als relativ variabel gelten, wie die Humusdecken von Waldböden, können teilweise reliktischen Charakter haben. So sind die unteren Schichten der oft mächtigen Rohhumusdecken, die sich im Ostseeküstengebiet heute unter Kiefernbeständen finden, nach pollenanalytischen Befunden und ^{14}C-Datierungen im Subatlantikum unter Buchenwäldern entstanden (Müller 1968).

Die genannten Bodeneigenschaften sind demnach genetisch gesehen reliktischer Natur — ökologisch können sie jedoch auch aktuell noch wirksam sein, wie z. B. die erwähnten Rohhumusdecken aus dem Subatlantikum. Grundwasserbürtige Eisenflecken in Sandböden haben dagegen wohl hohen Informationswert in bezug auf den ehemaligen Grundwasserstand, ökologisch sind sie dagegen heute bedeutungslos.

Die Informationen, die das „Gedächtnis" des Bodens ausmachen, sind allerdings oft nicht leicht zu entschlüsseln — die „Schrift des Bodens", von der Tüxen schon vor über 20 Jahren interessante Proben veröffentlicht hat (1957), ist schwer zu lesen.

Um nämlich aus den Bodenmerkmalen die geschichtliche Entwicklung des Bodens und darüber hinaus der gesamten Biogeozönose einigermaßen rekonstruieren zu können, müßte man daraus die verursachenden Prozesse und die diese bedingenden Faktoren annähernd eindeutig erschließen können. Das ist schon aus formal-logischen Gründen nur beschränkt möglich, vor allem aber reicht unser Wissen dazu noch keineswegs aus. So ist z. B. der oft gezogene Schluß aus der Verbreitung der mitteleuropäischen Schwarzerden auf frühere steppen- oder doch waldsteppenähnlichen Vegetation zur Bildungszeit dieser Böden offenbar irreführend. Pollenanalytische Befunde sprechen vielmehr für geschlossene Bewaldung des zirkumherzynen Trockengebietes vom Präboreal bis zur neolithischen Besiedelung. Die sog. Krotowinen, d. h. mit andersfarbigem Material gefüllte ehemalige Tiergängen im Unterboden der Schwarzerde, brauchen nicht Gänge von Zieseln — also Steppennagern —, sondern können durchaus auch Gänge von Hamstern sein, die erst unter Ackerflächen nach der Rodung früherer lichter Wälder entstanden sind (Ehwald, Jäger, Lange 1977).

4. Den bisher behandelten konservativen Bodeneigenschaften, die den Gedächtnischarakter des Bodens ausmachen, stehen zahlreiche *variable* Eigenschaften gegenüber. Ein Teil von ihnen ist in hohem Maße witterungsbedingten Schwankungen unterworfen, wenn auch die mittleren und extremen Werte ebenso wie die Geschwindigkeit der Veränderungen vor allem durch andere, auch konservative, Eigenschaften von Boden und Vegetation bedingt sind. Zu einem Gleichgewichtszustand kommt es bei ihnen nicht. Hierher gehören Wasser- und Luftgehalt des Bodens, Bodentemperaturen und — weniger ausgeprägt — die Zusammensetzung und Konzentration der Bodenlösung und die Zusammensetzung der Boden-

mikroflora und -fauna. Bei anderen variablen Bodeneigenschaften treten diese kurzfristigen Schwankungen an Bedeutung zurück, außerdem streben diese Eigenschaften auch immer wieder einem Gleichgewichtszustand zu, ihre „charakteristische Bildungszeit“ beträgt jedoch teilweise Jahrzehnte. Hierher gehören z. B. der Humusvorrat von Ackerböden und die Masse und der Zustand der organischen Substanz in der Humusdecke von Waldböden. Die variablen Bodeneigenschaften sind natürlich bevorzugt Gegenstand landwirtschaftlicher Eingriffe.

Geht man von der Nachwirkung dieser Eingriffe aus, so ergibt sich folgendes Bild: Auf der einen Seite müssen bestimmte Bodeneigenschaften, wie der Gehalt an den meisten Bodennährstoffen und der Wassergehalt von Mineralböden, durch laufend wiederholte Maßnahmen in einem für die landwirtschaftliche Pflanzenproduktion annähernd optimalen Zustand erhalten werden. Würden diese Eigenschaften nicht mehr beeinflußt, so würden sie sich meist, wenn auch langsam, dem Zustand nähern, den entsprechende Böden unter natürlicher Vegetation in unserem Klima aufweisen. Auf der anderen Seite werden Bodeneigenschaften durch meliorative Eingriffe oder Nebenwirkungen anderer Maßnahmen nachhaltig verändert. So bewirkt eine Entwässerung nicht nur eine Veränderung des Wasserhaushaltes der oberen Bodenschichten, sondern auch einen verstärkten Humusabbau, der in Mineralböden zu einem neuen niedrigeren Grenzwert des Humusvorrates führt. Bei oligotrophen Mooren tritt darüber hinaus durch das Freiwerden von Nährstoffen beim Humusabbau eine nachhaltige Eutrophierung ein. Durch unzweckmäßige Bewirtschaftung von Böden in Hanglagen kann es zu mehr oder weniger schweren Verlusten von Bodenmaterial durch Erosion bis hin zur völligen Bodenzerstörung kommen. Welch tiefgreifende Veränderungen anscheinend unbedeutende laufende Einwirkungen haben können, läßt sich in Gebieten mit bewegtem Relief — z. B. der welligen Grundmoränenlandschaft — bei starker Güllezufuhr beobachten. Wenn sich dadurch an der Bodenoberfläche eine dünne Sperrschicht aus Güllerückständen bildet, können in Senken ständige Wassertümpel und Teiche entstehen, deren Beseitigung sehr schwierig ist, weil sich die Sperrschicht am Grunde dieser Wasserbecken laufend durch feine Teilchen, die von den umliegenden Hängen hineingespült werden, verstärkt.

Zwischen den nur kurzfristig wirksamen und den nachhaltige, ja irreversible Veränderungen hervorrufenden Maßnahmen oder Nebenwirkungen bzw. den nur vorübergehend und den für die Dauer veränderbaren Bodeneigenschaften gibt es natürlich alle Übergänge.

Bisher wurde die Veränderlichkeit der einzelnen Umweltkomponenten im wesentlichen in Hinsicht auf die jeweilige Komponente selbst betrachtet, wenn auch auf Wechselwirkungen, insbesondere zwischen Boden und Vegetation, bereits mehrfach hingewiesen wurde. Diese Wechselwirkungen sind besonders deutlich in Wäldern, wo Vegetation und Boden im allgemeinen nicht so tiefgreifend verändert wurden wie in Wiesen und Feldern, und zudem die Eingriffe meist in so großen Abständen erfolgen, daß ihre Nebenwirkungen über längere Zeit beobachtet werden können.

Die bisher gewonnenen Erkenntnisse (Fiedler, Nebe, Hoffmann 1973, Ehwald 1980) zeigen, daß sich einerseits Boden und Vegetation in gegenseitiger Abhängigkeit verändern, daß aber andererseits der im wesentlichen variable Charakter der Vegetation und der zum erheblichen Teil konservative Charakter des Bodens die Wechselbeziehungen stark beeinflussen. Wird die Vegetation nachhaltig verändert, so kann sich auch der Boden nachhaltig verändern, muß es aber nicht. Das hängt nicht nur davon ab, wie stark die Vegetation abgewandelt wurde und welche Wirkungen von der veränderten Vegetation auf den Boden ausgehen, sondern mindestens ebensosehr von der größeren oder geringeren Variabilität der Bodeneigenschaften, die dadurch betroffen werden, was bei verschiedenen Böden sehr unterschiedlich sein kann. Andererseits spiegeln sich Bodenveränderungen, soweit sie für die Vegetation überhaupt bedeutsam sind, in der Vegetation so lange wider, wie sie bestehen. Die Vegetation paßt sich dem Bodenzustand vollständig, der Boden dem Vegetationszustand nur beschränkt an.

Zwei Beispiele mögen das veranschaulichen: Nadelholzreinbestände auf vorher mit Laubholz bestockten Böden wirken sich je nach der Art dieser Böden ganz unterschiedlich aus. Dabei spielt die Art der Bodenflora, die sich unter dem Nadelholzbestand einstellt, eine wichtige Rolle. Fast stets werden Humuszustand und Nährstoffkreislauf verändert. Manchmal sind die Veränderungen so leicht und so gut reversibel, daß es Mühe macht, die Regeneration des früheren Laubholzbestandes zu verhindern. Meist werden jedoch Humuszustand und Stickstoffversorgung der Vegetation merklich verschlechtert, so daß der Anteil der anspruchsvollen Arten in der Bodenflora zurückgeht, während die Wuchsleistung des Nadelholzebstandes auch nach mehreren Generationen nicht vermindert zu sein braucht. Eine natürliche Regeneration von Boden und Vegetation erscheint noch möglich, erfordert aber ziemlich viel Zeit. Durch Stickstoffdüngung läßt sich oft ein großer Teil der ungünstigen Bodenveränderungen mehr oder minder leicht beheben, was sich rasch in der Wuchsleistung der Bestände, langsamer in der Zusammensetzung der Bodenflora widerspiegelt. Auf bestimmten gegen Verdichtung empfindlichen Böden kann jedoch mehrfacher Fichtenreinanbau selbst den Unterboden so stark verdichten lassen, daß der Boden periodisch stark vernäßt, der Wurzelraum der Fichte immer flacher wird und der Bestand dadurch gegen Windwurf immer anfälliger wird. In manchen Fällen sinkt auch die Wuchsleistung sehr erheblich. Die Bodenveränderungen sind sehr schwer oder gar nicht reversibel, ihre Beseitigung erfordert aufwendige Meliorationsmaßnahmen.

Als zweites Beispiel sei die Streunutzung erwähnt, die in Gebieten mit geringen Stroherträgen bis in die jüngste Vergangenheit verbreitet war. Wurde die Streudecke häufig und gründlich über einen langen Zeitraum entfernt, waren Humusschwund und starke Nährstoffverarmung, völliges Verschwinden der Bodenflora und Kümmerwuchs die Folge. Eine Regeneration erfordert intensive Düngung und Hilfspflanzenanbau — ohne derartige Maßnahmen würde sie wahrscheinlich Jahrhunderte beanspruchen. In weniger schweren Fällen läßt sich im Laufe von ein oder zwei Bestandesgenerationen ein allmähliges Ansteigen der Humus- und

Stickstoffvorräte und ein allmählicher Wandel der Bodenflora von einem Flechtenstadium über ein Astmoos-Heide-Stadium zu einem Drahtschmielen- oder Heidelbeerstadium feststellen. Die Wuchsleistung der nach einer längeren Erholungszeit begründeten Kiefernbestände liegt häufig um eine Bonität oder mehr über der Bonität des Vorbestandes. Untersuchungen haben gezeigt, daß zwischen den Humusvorräten im Oberboden, der morphologischen Ausbildung der Humusdecke, dem Stickstoffgehalt des Bodens und der Nadeln sowie der Wuchsleistung des Bestandes enge Korrelationen bestehen (Tölle, Hofmann 1970).

Die vergleichende Betrachtung von Boden- und Vegetationsveränderungen nach land- und forstwirtschaftlichen Eingriffen war die Grundlage einer Reihe von geobotanischen und landschaftskundlichen Konzeptionen, die z. T. für die Praxis der Standorts- und Vegetationskartierungen erhebliche Bedeutung haben. Ich nenne nur die auf Tüxen und andere Pflanzensoziologen zurückgehende Konzeption der „Ersatzgesellschaften“ und Gesellschaftsringe“, der „Gesellschaftsserien“, der sog. „potentiellen natürlichen Vegetation“ (Tüxen 1956, Schmithüsen 1968) sowie der geoökologischen Konzeption der „Epifazies“ (Sočava 1963, 1978). *Ersatzgesellschaften* sind Pflanzengesellschaften, die an die Stelle der ursprünglich vorhandenen vom Menschen nicht mehr oder weniger beeinflußten sog. „natürlichen“ Gesellschaft auf vergleichbaren, sog. „analogen Standorten (s. Anm. 3) getreten sind. Ihre Gesamtheit auf gleichen (analogen) Standorten wird als *„Gesellschaftsring“* bezeichnet, ihre zeitliche Abfolge nach Aufhören der menschlichen Einwirkungen als *„Gesellschaftsserie“*. Am Ende der Entwicklung soll dann ein neuer Gleichgewichtszustand erreicht werden — die *„potentielle natürliche Vegetation“*. Diese ist also eine hypothetische Konstruktion weniger auf der Grundlage bisheriger Abläufe, als vor allem auf der Grundlage vergleichender Beobachtungen nebeneinander auf „analogen Standorten“ vorkommender unterschiedlich stark veränderter Gesellschaften. Dabei werden zwar irreversible Bodenveränderungen berücksichtigt — z. B. Grundwasserabsenkungen —, aber im Grunde beruhen alle genannten Begriffe auf der Vorstellung, daß bei Aufhören der menschlichen Einwirkungen die variablen Bodeneigenschaften in den ursprünglichen oder doch einen ähnlichen Zustand zurückkehren und damit eine Vegetation sich einstellen werde, die der ursprünglichen ähnlich sei. Bei irreversiblen Standortsveränderungen werden statt dessen die Boden- und Vegetationsverhältnisse solcher Standorte als Konstruktionsgrundlage benutzt, die, ohne schwerwiegende Eingriffe erfahren zu haben, einen Bodenzustand aufweisen, der mit dem des irreversibel veränderten Standorts vergleichbar ist — bei Grundwasserabsenkungen z. B. die Verhältnisse nicht entwässerter Böden, deren Grundwasserstand dem der entwässerten Böden entspricht.

Daß diese Konzeption ihre Schwächen hat, liegt nach dem über die unterschiedliche Veränderlichkeit von Boden und Vegetation bzw. der einzelnen Bodeneigenschaften Gesagten auf der Hand. Das ist auch schon oft diskutiert worden (vgl. Doing 1979). Trotzdem leistet sie bei Übersichtsdarstellungen der Vegetationsverhältnise gute Dienste. Bedenklich wird es jedoch, wenn sie auf tropische Einheiten und deren Kombinationen (Geochoren) angewandt wird. So will SCHLÜTER (1980) den sog. Natürlichkeitsgrad der aktuellen Vegetation an ihrer Abweichung gegenüber der „potentiellen natürlichen Vegetation" messen, ebenso die sog. „relative Diversität", an der „natürlichen Diversität", d. h. der Diversität der „potentiellen natürlichen Vegetation". Maßstab ist also nicht eine reale, sondern eine hypothetische Vegetation.

SOČAVA (1978) verwendet für die Entwicklung von Geosystemen eine Reihe von Begriffen, die den angeführten vegetationskundlichen Begriffen weitgehend äquivalent sind (s. Anm. 4). Er unterscheidet jedoch auch bei den abiotischen Komponenten der Geosysteme eine — wenn man von langzeitlichen Veränderungen unter der Wirkung veränderter Außenfaktoren absieht — „invariante Grundlage" und „wandelbare" (Zustands-)„Eigenschaften". Ebenso kennt SUKOPP (1972, 1976) „Hämerobiegrade", d. h. Stufen der anthropogenen Beeinflussung sowohl bei der Vegetation als auch beim Standort.

Daß derartige — die Veränderlichkeit aller Komponenten der Geosysteme berücksichtigend — Konzeptionen sich in der Praxis bewähren, zeigt das Beispiel der forstlichen Standortskartierung in der DDR. (KOPP u. a. 1969/1973). Sie bildet Teileinheiten entsprechend den Hauptkomponenten oder wichtigen Teilkomponenten der Biogeozönose, erfaßt insbesondere die „invarianten" Bodenmerkmale und die im Wald wichtigste Gruppe der variablen Bodenmerkmale, den Humuszustand, getrennt. Auf Standorten mit gleichen „invarianten" Eigenschaften ergeben sich dann verschiedene durch forstliche oder andere menschliche Eingriffe hervorgerufene variable Zustände, insbesondere verschiedene Humuszustände, Bodenvegetationsformen und auch verschiedene Zuwachsleistungen der Baumbestände. Formen mit relativ geringer Beeinflussung durch menschliche Maßnahmen werden als Maßstab benutzt und als „Stammformen" (der Bodenvegetation, des Humuszustandes usw.) bezeichnet — die durch solche Eingriffe abgewandelten Formen als „aktuelle" oder „Zustandsformen". Wenn sich auch das Ausmaß der anthropogenen Beeinflussung der Stammformen nicht sicher feststellen läßt — vom Menschen unbeeinflußte Vegetation und Böden gibt es ja in mitteleuropäischen Wäldern überhaupt nicht —, so sind die Stammformen doch durch reale Objekte ausreichend belegt und in der Regel recht gut gesichert, d. h. als Vergleichsmaßstab recht gut geeignet. Durch Gegenüberstellung der Stammformen und Zustandsformen läßt sich dann z. B. die unter annähernd natürlichen Bedingungen gegebene Leistungsfähigkeit des Standorts (die „Stammproduktivität" oder -„fruchtbarkeit") der aktuellen oder „Zustandsfruchtbarkeit" gegenüberstellen. Zusammen mit der Auswertung von Düngungs- und Meliorationsversuchen lassen sich auch die Erfolgsaussichten von Düngung und Melioration auf den verschiedenen Boden- und Zustandsformen abschätzen (KOPP, SCHÜBEL 1973).

Das Beispiel zeigt, daß es auf forstlich genutzten Flächen durchaus möglich ist, die komplizierten Wechselbeziehungen zwischen verschiedenen Komponenten der Biogeozönose mit ihrer unterschiedlichen Veränderlichkeit ausreichend zu erfassen, so daß es u. a. gelingt, den derzeitigen Standortszustand mit Hilfe der

Vegetation an einem als Maßstab benutzten Vergleichszustand zu messen. Auf landwirtschaftlich genutzten Flächen hat man ähnliches vor einigen Jahrzehnten nicht ohne Erfolg — zumindest für einige Standortseigenschaften wie Bodenfeuchte oder pH-Wert — versucht (vgl. Ellenberg 1950, Hemel 1957, Kleinke u. a. 1974). Inzwischen sind jedoch viele der als Zustandsweiser brauchbaren Pflanzenarten so weitgehend zurückgedrängt, daß dieser Weg nicht mehr oder doch nur in sehr eingeschränktem Maße gangbar ist. Man muß daher Maßstäbe für den augenblicklichen Fruchtbarkeitszustand im Boden selbst zu finden suchen, was als Grundlage der Mineraldüngung schon seit langem zumindest für bestimmte Nährstoffe geschieht. Neuerdings bemüht man sich, auch für andere Bodeneigenschaften derartige „Fruchtbarkeitskennziffern" zu erarbeiten, indem man die fruchtbarkeitsbestimmenden oder mit ihnen eng korrelierte variable Bodeneigenschaften mißt und die Meßwerte mit Optimalwerten vergleicht, die unter Versuchsbedingungen hohe Erträge, d. h. ausgezeichnetes Gedeihen der Kulturvegetation ermöglicht haben. (Kundler 1976, Lieberoth 1976). Daß dabei auf die Dauer statische Vergleiche nicht ausreichen werden, sondern daß auch das zeitliche Verhalten dieser Eigenschaften verfolgt werden muß, liegt auf der Hand.

Anmerkungen

1 Ökosysteme sind Wirkungsgefüge zwischen Lebewesen und deren anorganischer Umwelt (Ellenberg 1973) bzw. funktionelle Grundeinheiten der Biosphäre, welche lokal Leben und Umwelt integrieren (Stugren 1978). Sie können und müssen unter verschiedenem Blickwinkel gesehen werden. In der Bioökologie werden sie vorzugsweise als „ökologische Faktorensysteme" Stugren 1978) aufgefaßt, d. h. von der Lebewelt her betrachtet. In der Geoökologie sowie in der land- und forstwirtschaftlichen Standortskunde werden dagegen bestimmte Ausschnitte aus der Biosphäre ins Auge gefaßt, deren Größe sehr unterschiedlich sein kann. Ihre Grenzen müssen durch Unstetigkeiten in der räumlichen Struktur der Biosphäre bestimmt sein. Die Wechselbeziehungen Lebensgemeinschaft — Umwelt werden von der Umwelt her betrachtet. Beide Auffassungen ergänzen sich und sind gleichberechtigt — leider fehlen bisher allgemein anerkannte Zusatzbezeichnungen, die erkennen lassen, ob die bioökologische (organismenbezogene) oder die geoökologische (umweltbezogene) Begriffserfassung verwendet wird.

2 Die „Informationen", die in Geosystemen oder ihren Subsystemen enthalten sein können, sind keine systeminternen Informationen, wie sie etwa in Organismen die Lebensprozesse bzw. die Reproduktion regeln. Es handelt sich vielmehr um Merkmale, die dem Betrachter Aussagen über frühere Systemzustände gestatten, etwa wie ein Jäger aus einer Wildspur Art und Geschlecht des Wildes, Richtung und Geschwindigkeit seiner Bewegung u. U. auch den Zeitpunkt, zu dem es vorbeizog, ableiten kann. „Gedächtnis" im kybernetischen Sinne sind „Teilstrukturen eines Systems, die der Information dienen" (Klaus 1968) — auch dafür gilt ähnliches: Das System, in dem die Informationen übermittelt werden, ist das System Betrachter — betrachtetes Objekt.

3 Als „analoge Standorte“ bzw. „analoge Böden“ werden nach Pallmann u. a. (1948) Standorte (Böden) bezeichnet, die „ihrer Vegetation übereinstimmende physiologische Bedingungen“ bieten.

4 So entspricht die „Epifazies“ dem „Gesellschaftsring“, der „relative Grundzustand“ (uslovno-korennoe sostojanie), wie Sočava selbst bemerkt, der „potentiellen natürlichen Vegetation“.

Literatur

Benkert, D., Succow, M., Wieniewski, N.: Zum Wandel der floristischen Artenmannigfaltigkeit in der DDR, Gleditschia (Berlin 1981) (im Druck).

Doing, H.,: Gesellschaftskomplexe und Landschaftskartierung — Methodische und praktische Überlegungen, Ber. geobot. Inst. ETH, Stiftung Rübel, **46**, 3/1979 S. 31—61.

Ehwald, E.: O meste počvy i ee vzajmosvjazjach s rastitel'nost' ju v estestvennych i narušennych čelovekom biogeocenozach, Počvovedenie, 5/1980, S. 29—39.

Ehwald, E., Jäger, K. D., Lange, E.: On the present state of knowledge concerning the distribution of woodlands and open grounds in the circum-hercynian dry region during the holocene, Proc. Working Sess. Comm. Holocene — INQUA (Eurosib. Subcomm.) Tatranska Lomnica — Bratislava, Českoslov. Bratislava 1977, Geol. Ustav D. Štura, S. 153—165.

Ellenberg, H.: Unkrautgemeinschaften als Zeiger von Klima und Boden, Landwirtsch. Pflanzensoziologie, Stuttgart 1950.

Ellenberg, H.: Ziele und Stand der Ökosystemforschung. In: Ellenberg, H. (Hrsg.) Ökosystemforschung, Berlin, Heidelberg, New York 1973, S. 1—31.

Fiedler, H.-J., Nebe, W., Hoffmann, F.: Forstliche Pflanzenernährung und Düngung, Jena 1973.

Hemel, J. W.: Vergleichende Beurteilung des Fruchtbarkeitszustandes des Bodens mit pflanzensoziologischen und chemischen Methoden, Landwirtsch. Forsch. **10** 1957, S. 88—96.

Kleinke, J., Succow, M., Voigtländer, U.: Der Wasserstufen-Zeigerwert von Grünlandpflanzen im nördlichen Teil der DDR, Arch. Naturschutz u. Lands.-Forsch. **14**/1974, S. 139—146.

Kopp, D. u. a.: Ergebnisse der forstlichen Standortskartierung in der Deutschen Demokratischen Republik, Bd. 1 u. 2, Potsdam 1969/73 VEB Forstprojektierung.

Kopp, D., Schübel, G.: Standörtliche Grundlagen für die Steigerung der Waldbodenfruchtbarkeit. Arch. Forstwes. **20**/1973, S. 3—28.

Krause, W.: Über Vegetationskarten als Hilfsmittel kausal-analytischer Untersuchungen der Pflanzendecke, Planta **38**/1950, S. 296—323.

Kundler, P.: Grundlagen der Ausarbeitung komplexer Verfahren für die Reproduktion der Bodenfruchtbarkeit, Arch. Acker- u. Pflanzenbau u. Bodenkde. **20**/1976, S. 825—830.

Lieberoth, I.: Beitrag der Standortskunde zur Reproduktion der Bodenfruchtbarkeit, Arch. Acker- u. Pflanzenbau u. Bodenkde. **20**/1976, S. 855—864.

Müller, H.: Pollenanalyse von Rohhumus zwecks Altersbestimmung anthropogener Beeinflussung und Wasserhaushaltsänderungen des Standorts, Forsch.-Abschlußber. (unveröff.) Inst. f. Forstwiss. Eberswalde 1968.

Neef, E. u. a.: Beiträge zur Terminologie in der Landschaftsforschung, Vervielf. Manuskr. Leipzig 1973, Geogr. Inst. AdW der DDR.

Pallmann, H., Richard, F., Bach, R.: Über die Zusammenarbeit von Bodenkunde und Pflanzensoziologie. In: 10. Congr. Zürich Verb. forstl. Vers.-Anst. 1948, S. 57—95.

Rauschert, St. u. a.: Liste der in der Deutschen Demokratischen Republik erloschenen und gefährdeten Farn- und Blütenpflanzen, Berlin 1978, Kulturbd. DDR, Zentr. Fachausschuß Botanik.

Reichhoff, L., Böhnert, W.: Zur Pflegeproblematik von Festuco-Brometea-, Sedo- Scleranthea- und Corynephoreta-Gesellschaften im Süden der DDR, Arch. Naturschutz u. Landschaftsforsch. 18/1978, S. 81—102.

Rode, A. A.: O „počve — pamjati", „počve — momente" i dvuedinstve počvy, Počvovedenie, 3/1980, S. 127—131.

Schlüter, H.: a) Biotische Diversität und Regenerationsvermögen in der Landschaft, Petermanns geogr. Mitt. 1/80, 19—22.

Schlüter, H.: b) Vegetationsmerkmale zur Typenbildung geochorischer Naturraumeinheiten, Forschungmaterial 80/3 Inst. Geogr. Geoökol. AdW der DDR, Leipzig (unveröff.).

Schmithüsen, J.: Allgemeine Vegetationsgeographie. 3. Aufl. Berlin (West) 1968.

Schmucker, Th.: Zur Verbreitung und Ökologie von Allium ursinum, Ber. deutsch. botan. Ges. 52/1934, S. 259—266.

Sočava, V. B.: Teoretičeskie položenija topologii stepnych geosistem. In: Topologija stepnych geosistem, Leningrad, 1963, S. 3—12.

Sočava, V. B.: Vvedenie v učenie o geosistemach, Novosibirsk 1978.

Sokolov, I. A., Targul'jan, V. O.: Vzaimodejstvie počvy i sredy — Počva — pamjat' i počva — moment. In: Izučenie i osvoenie prirodnoj sredy, AN SSSR, Inst. Geogr., Moskva, 1976, S. 150—164.

Stugren, B.: Grundlagen der Allgemeinen Ökologie, 3. Aufl., Jena 1978.

Stumpe, H.: Die Ergebnisse des Versuchs „Ewiger Roggenbau" nach seiner Teilung im Jahre 1961, Arch. Acker- u. Pflanzenbau. u. Bodenkde. 23/1979, S. 573—580.

Succow, M.: Praktische Naturschutzarbeit zur Erhaltung artenreicher Halbkulturformationen, Naturschutzarbeit in Berlin u. Brandenburg 11/1975, S. 34—35.

Sukopp, H.: Wandel von Flora und Vegetation in Mitteleuropa unter dem Einfluß des Menschen, Ber. über Landwirtsch. 50/1972, S. 112—139.

Sukopp, H.: Dynamik und Konstanz in der Flora der Bundesrepublik Deutschland, Schr.-R. Vegetationskde., Bonn, Bad Godesberg, 10/1976, S. 9—26.

Sukačev, V. N., Dylis, N. N.: Osnovy lesnoj biogeocenologii, Moskva, 1964.

Targul'jan, V. O., Sokolov, I. A.: Strukturnyj i funkcionalnyj podchod k počve: počva — pamjat' i počva — moment. In: Matematiceskoe modelirovanie v ékologii, Moskva 1978.

Tölle, H., Hofmann, G.: Beziehungen zwischen Bodenvegetation, Ernährung und Wachstum mittelalter Kiefernbestände im norddeutschen Tiefland, Arch. Forstwes. 19/1970, S. 385—400.

Tüxen, R.: Die heutige potentielle Vegetation als Gegenstand der Vegetationskartierung, Angewandte Pflanzensoziologie (Stolzenau/Weser) 13/1956, S. 5—42.

Tüxen, R.: Die Schrift des Bodens. Angewandte Pflanzensoziologie (Stolzenau/Weser), 14/1957.

Wachter, A.: Deutschsprachige Literatur zum Weißtannensterben, Z. Pflanzenkrankh. Pflanzenschutz, 85/1978, S. 361—381.

Wegener, U.: Gezielte Pflegemaßnahmen für Orchideenbestände des Berggrünlandes, Mitt. Arbeitskreis „Heimische Orchideen“, Zentr. Fachausschuß Botanik, Ges. Natur u. Umwelt, Kulturbund DDR, **9**/1980, S. 38—48.

Weinitschke, H. u. Mitarb.: Prinzipien für die Pflege ausgewählter Typen von Naturschutzgebieten, agra-Broschüre, Markkleeberg, 1976.

Klaus Dörter

Einige Zusammenhänge zwischen Meliorationswesen und Landeskultur

Wenn Neef [1] die Landeskultur als „den Teil der materiellen Kultur einer Gesellschaft" bezeichnet, „der die Erschließung und Nutzung der natürlichen Reichtümer eines Landes zur Befriedigung der menschlichen Bedürfnisse zum Ziel hat", dann ist ohne Zweifel die Aufgabenstellung der sozialistischen Landwirtschaft der DDR, die Bevölkerung mit Nahrungsgütern zu versorgen und für die Industrie Rohstoffe bereitzustellen, eine landeskulturelle Leistung ersten Ranges. Dabei sind dem begrenzten landwirtschaftlichen Bodenfonds von rd. 6,3 Mio ha, entsprechend 58% der 10,8 Mio ha umfassenden Wirtschaftsfläche der DDR, d. h. dem Hauptproduktionsmittel der Landwirtschaft beachtliche Erträge und Leistungen abzuringen. Diese Aufgaben müssen mit weiter zunehmend intensiveren Bewirtschaftungsmaßnahmen bei sinkendem Aufwand je Erzeugniseinheit sowie abnehmender Zahl der Beschäftigten in den sozialistischen Landwirtschaftsbetrieben der Pflanzen- und Tierproduktion und ihren Kooperationspartnern, den Agrochemischen Zentren, den Kreisbetrieben für Landtechnik und den Meliorationsbaubetrieben, gelöst werden. Wie bekannt, stehen hierbei nur noch 0,37 ha landwirtschaftliche Nutzfläche (LN) pro Kopf der Bevölkerung zur Verfügung, d. h., von 100 ha Bodenfläche müssen 268 Einwohner ernährt werden. Zur Zeit beteiligen sich hieran etwa 1130 Landwirtschaftliche Produktionsgenossenschaften (LPG) und Zwischenbetriebliche Einrichtungen (ZBE) der Pflanzenproduktion mit einer Durchschnittsgröße von 5000 ha sowie 3015 LPG der Tierproduktion, zu denen noch insgesamt 487 Volkseigene Güter (VEG) hinzukommen. Der Landwirtschaft stehen zur Realisierung ihrer Vorhaben verschiedene, zum Teil sehr wirksame Intensivierungsmöglichkeiten zur Verfügung, zu denen insbesondere die chemischen Komponenten mit Düngestoffen, Pflanzenschutzmitteln (PSM) und Wachstumsregulatoren sowie eine hochspezialisierte Technik zu zählen sind. Im Zusammenhang mit der zügigen Entwicklung der Landwirtschaft in den letzten Jahrzehnten ist zwar nicht immer einer schützenden Nutzung Genüge getan worden, doch dürfen diesem Volkswirtschaftszweig nicht nur wissenschaftlich fundierte, zur langzeitigen Sicherung und Mehrung der Erträge letztlich notwendige Bemühungen um die Erhaltung und Steigerung der Bodenfruchtbarkeit zugute geschrieben werden.

Vielmehr wäre unsere Kulturlandschaft nicht zu erhalten ohne die Wirksamkeit der Landwirtschaft in enger Partnerschaft mit der Forstwirtschaft.

An dieser Stelle ist die Aufmerksamkeit auf das Meliorationswesen mit seinen sehr bedeutsamen Intensivierungsmöglichkeiten für die Pflanzenproduktion zu lenken. Es sei den weiteren Betrachtungen hierzu sogleich vorangestellt, daß in Verbindung mit Meliorationen, d. h. mit Maßnahmen, die der grundlegenden und dauerhaften Verbesserung der potentiellen Leistungskraft und damit der Erhaltung und Steigerung der Bodenfruchtbarkeit land- und forstwirtschaftlich nutzbarer Standorte dienen, in beachtlichem Maße auch Verfahrensweisen mit hohem Mechanisierungsgrad und mit chemischen Wirkstoffen angewendet werden, wobei beide natürlichen Ressourcen Boden und Wasser diesen Vorgängen ausgesetzt sind. Damit tritt hier innerhalb der Landwirtschaft ein nicht zu unterschätzendes Potential an speziellen Einflüssen auf die Landeskultur auf, das auch zahlreiche Wechselwirkungen auslöst. In diesem Zusammenhang kann das Meliorationswesen der Landeskultur zum Schaden gereichen, sich aber auch in echter Partnerschaft zu einem besonders geeigneten Bereich landwirtschaftlichen Wirkens zur Unterstützung bei der Lösung landeskultureller Aufgaben in Verbindung mit einer schützenden Nutzung der natürlichen Ressourcen Boden und Wasser entwickeln. Darauf soll in der Folge näher eingegangen werden.

Würde man die Beziehungen zwischen Meliorationswesen und Landeskultur rein formal an dem Nennen von Meliorationen im Landeskulturgesetz (LKG) der DDR messen wollen, so würde dieser Nachweis dürftig ausfallen. Nur ein einziges Mal wird in Verbindung mit der Erhöhung der Bodenfruchtbarkeit im § 19 Absatz 2 auf Meliorationsvorhaben der landwirtschaftlichen Produktionsgenossenschaften und volkseigenen Güter sowie ihrer Kooperationsgemeinschaften hingewiesen [2].

Die dortigen Formulierungen werden jedoch der breiten und vielseitigen Palette der Zusammenhänge von Meliorationswesen und Landeskultur im Sinne einer schützenden Nutzung natürlicher Ressourcen nicht annähernd gerecht. Vielmehr lassen sich bei näherer Betrachtung des LKG und der Aufgaben der Landeskultur sowie der eng mit diesen Verpflichtungen in Verbindung stehenden Wasserwirtschaft eine Fülle von Beziehungen zum Meliorationswesen aufzeigen (Abb. 1).

Wir können davon ableiten, daß in kaum einem anderen Bereich unserer Volkswirtschaft so vielseitige Beziehungen zur Landeskultur bestehen wie im Meliorationswesen. Eine Reihe von Meliorationen können geradezu als spezielle landwirtschaftliche Komponenten von Maßnahmen der Landeskultur und des Umweltschutzes angesehen werden, sofern sie mit Rücksichtnahme auf ökologische Gesichtspunkte des Landschaftshaushaltes eingesetzt werden. Solche den Boden betreffende Maßnahmen sind z. B. der Erosionsschutz, die Flurneugestaltung und die Flurmelioration sowie die Kulturlandgewinnung und meliorative Flurerschlieschließung. Auf das Wasser bezogen sind es z. B. die Abwasserbodenbehandlung und der Hochwasserschutz.

Ein vorteilhafter Nutzen von Meliorationsmaßnahmen für die Landeskultur

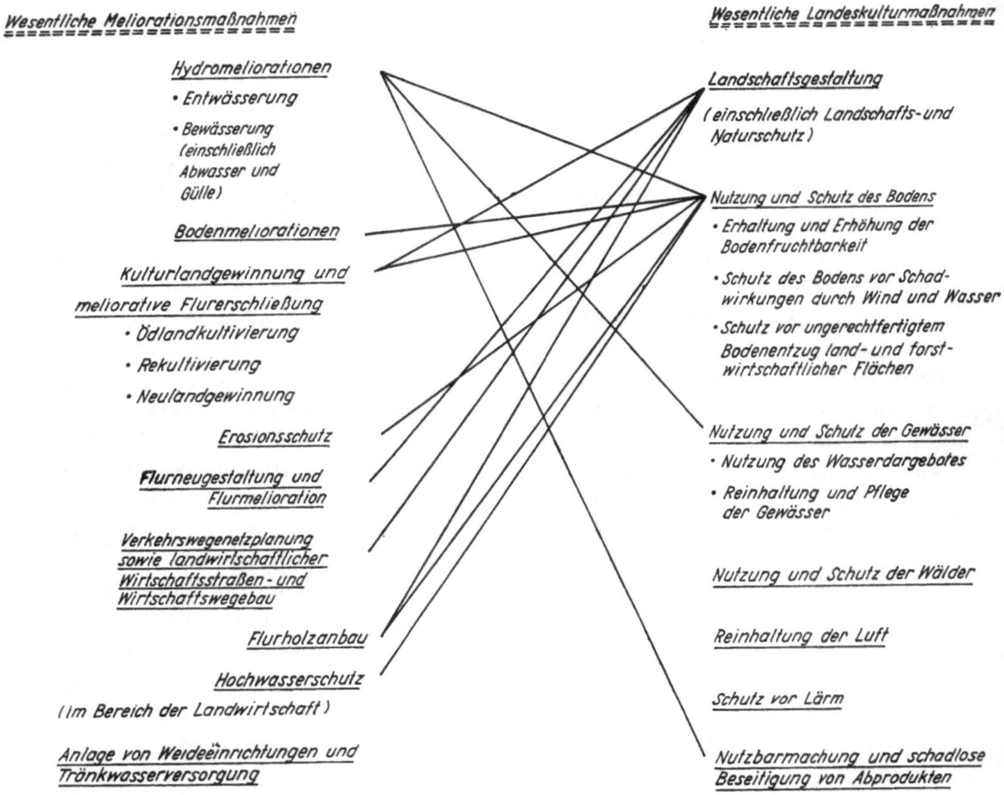

Abb. 1 Stark korrespondierende Zusammenhänge zwischen Maßnahmen des Meliorationswesens und der Landeskultur

und für die Landwirtschaft wird vor allem dann gegeben sein, wenn die für alle Meliorationsvorhaben geltende Forderung zum Tragen kommt, daß jede Maßnahme den standortspezifischen Gegebenheiten des Territoriums gemäß zu planen, zu projektieren und auszuführen ist. Hierzu ist wiederum eine exakte und möglichst umfassende meliorative Standortaufnahme und -beurteilung eine unerläßliche Voraussetzung, wobei neben der Erfassung topographischer, klimatischer und hydrologischer Gegebenheiten eine gründliche meliorationskundliche Bodenaufnahme notwendig ist.

Durch den genannten § 19 des LKG besteht die Möglichkeit eines weiteren wesentlichen Vorteils für die Nutzung und den Schutz des Bodens in Verbindung mit der dort getroffenen Festlegung, daß „die zuständigen Staats- und Wirtschaftsorgane insbesondere die Durchführung komplexer Meliorationsvorhaben zu sichern haben". Unterstützt wurde diese Festlegung durch entsprechend hohe Investitionsmittel für das Meliorationswesen, die immerhin in den letzten zwei Fünfjahrplanzeiträumen jeweils 4 Mrd. M und damit etwa 21% des Investfonds der gesamten Landwirtschaft der DDR betrugen. Aus der genannten Festlegung des LKG lassen sich zwei Zusammenhänge ableiten, die von nicht zu unterschätzender Bedeutung für die Bodennutzung und zugleich für die Gestaltung der Landschaft sind.

Zunächst einmal kann das komplexe Herangehen an ein Meliorationsvorhaben so verstanden werden, daß möglichst das gesamte Leistungspotential eines spezifischen Standortes, soweit es meliorativ zu behandeln ist, Beachtung findet. Nachdem die leistungsbegrenzenden Faktoren eines Standortes diagnostiziert worden sind, können im Sinne einer Therapie notwendige Meliorationsmaßnahmen aufeinander abgestimmt zum Einsatz kommen, wie z. B. die Kombination von Ent- und Bewässerungsmaßnahmen oder die Unterstützung einer Entwässerung durch eine Gefügemelioration des Bodens. Auch eine auf längere Sicht möglichst stabile Flurneugestaltung in einem Territorium mit den dazu notwendigen verschiedenen Flurmeliorationen ist als eine komplexe Lösung anzusprechen.

Zum anderen aber ist ein komplexes Meliorationsvorhaben als ein territorial und technisch umfassender, großflächiger Einsatz von Meliorationsmaßnahmen unter Ausnutzung aller gegebenen kooperativen Beziehungen der Landwirtschaftsbetriebe anzusehen. Hierdurch lassen sich nicht nur moderne Technik und Technologien rationell, zügig und damit energiesparend einsetzen, ohne die Bewirtschaftung des Geländes allzulange zu hemmen, sondern das Vorhaben erhält auch über Betriebs- und Kommunalgrenzen hinwegreichende Dimensionen, die einem landeskulturellen Gestalten der Landschaft unter Beachtung ökologischer Zusammenhänge in viel größerem Maße als Einzelmaßnahmen zugängig sind. In solche Vorhaben finden ohne Zweifel Überlegungen viel besser ihren Eingang, die mit der Gesamtheit eines Ökosystems, einer Landschaftseinheit, eines landwirtschaftlichen Produktionsgebietes oder eines Wassereinzugsgebietes, aber auch mit der Abstimmung von Funktionsüberlagerungen in einem polyfunktionalen Territorium im Zusammenhang stehen.

Seit der Gründung der DDR sind eine größere Zahl erfolgreicher Beispiele eines komplexen Einsatzes von Meliorationsmaßnahmen mit den anschließenden Folgemaßnahmen des Acker- und Pflanzenbaues sowie der Tierproduktion nachzuweisen, durch die bestimmte Landschaften in Verbindung mit der Entwicklung des Agrarraumes ihr Aussehen zum Teil fast vollständig verändert haben [3]. So ist bereits ab 1952 die Altmärkische Wische mit ihren schweren Auenböden in Verbindung mit Forschungsarbeiten, die wir von Halle aus betrieben haben, von extremen Vernässungen und Trockenperioden befreit, zu einem Futterbau-Rinderproduktionsgebiet umgewandelt worden. Im Gebiet der Friedländer Großen Wiese im Bezirk Neubrandenburg wurde den Niedermoorflächen durch systematisch aufgebaute Ent- und Bewässerungssysteme eine intensiv produzierende Landwirtschaft abgerungen. Auf dem Darß läuft auf der Grundlage komplexer Hydro-, Flur- und Bodengefügemeliorationen eine Intensivfutterproduktion mit modernen Technologien vor den Augen der jährlich in großen Scharen der Ostsee zuströmenden Urlauber ab, wobei allerdings die produktionsintensiven Folgemaßnahmen sehr sorgfältig den dortigen Landschaftsschutz zu berücksichtigen haben.

Im Landschaftsschutzgebiet des Harzes bemühen sich auf der Grundlage der Ergebnisse unserer fast 30jährigen Forschungsarbeiten die LPG und VEG nach einer ausgedehnten Umgestaltung der Grünlandnutzung und nach umfangreichen Flurmeliorationen sowie nach einer weiträumig angelegten Flurneugestaltung die Pflanzenproduktion großflächig durchzuführen, ohne ihre Verpflichtungen gegenüber dem Landschafts- und Naturschutz sowie der Forstwirtschaft, Wasserwirtschaft und dem Erholungswesen vernachlässigen zu müssen [4]. Im Agrarraum des Kreises Riesa im Bezirk Dresden werden mit einem Beregnungssystem über 5500 ha landwirtschaftliche Nutzfläche (LN) von 36 LPG und VEG und damit der Boden einer ganzen Landschaft mit Bewässerungswasser aus der Elbe versorgt, während die Bauern im Helmeried im Kreis Sangerhausen des Bezirkes Halle dank dem Bau des Rückhaltebeckens Berga-Kelbra sowie der damit verbundenen Regulierung der Vorfluter und Grabensysteme ihre Auenböden von den vorher immer wieder mit zerstörender Gewalt hereinbrechenden Hochwässern befreit haben. Mit Hilfe neu errichteter ausgedehnter Staubewässerungsanlagen können dort alle landwirtschaftlichen Kulturen einschließlich Feldgemüsebau bewässert werden, während zugleich die Landschaft ohne die ehemals verbreiteten Riedgras- und Schilfbestände ansprechender geworden ist.

In der Folge sollen unter Berücksichtigung eigener Forschungsarbeiten zwei spezielle Beispiele zu den engen Beziehungen zwischen Meliorationswesen und Landeskultur dargestellt werden.

Wenn sich die Landwirtschaft einer Landschaftsgestaltung entsprechend dem LKG zu befleißigen hat, so ist für sie in erster Hinsicht eine landwirtschaftlich produktionswirksame Gestaltung der Landschaft von Interesse oder konkret gesagt, eine Flurgestaltung oder Flurneugestaltung, die eine optimale Lösung der Maßnahmen der industriemäßigen Produktion gewährleistet. In diesem Sinne ist die Flurneugestaltung eine Komplexmelioration; zugleich ist sie zwangsläufig aber auch eine landeskulturelle Maßnahme, d. h. der der Landwirtschaft zugemessene Teil der Landschaftsgestaltung.

Aus der Sicht des Meliorationswesens sollen vordergründig durch die Flurneugestaltung großflächige landwirtschaftliche Bewirtschaftseinheiten geschaffen werden, deren Gestaltung und Bodenverhältnisse möglichst einheitlich sind und die weitgehend von natürlichen und anthropogenen Hindernissen bereinigt worden sind. Mit der Flurneugestaltung soll somit eine Verbesserung der technologischen Eignung der Böden erreicht werden, um Maschinensysteme und -komplexe mit hoher Flächenleistung, rollende und fahrende Beregnungsanlagen sowie Agrarflugzeuge für die Düngung und die Applikation von Pflanzenschutzmitteln effektiv einsetzen zu können. Aus der Sicht der Landeskultur sind bei diesen auf betriebsbezogene Notwendigkeiten orientierten Eingriffen der Flurneugestaltung in das Landschaftsgefüge auch mögliche Auswirkungen auf den gesamten Landschaftshaushalt zu bedenken, eine Tatsache, die bisher nicht überall genügend Beachtung fand. Dabei sind zwei grundsätzliche Zusammenhänge zu berücksichtigen: Die Flurneugestaltung hat entsprechend den standortspezifischen Gegebenheiten auf der Basis einer genauen Analyse und wissenschaftlichen Beurteilung des Landschaftsgefüges mit seinen ökologischen Zusammenhängen zu erfolgen und steht dabei zumeist in Abhängigkeit von einer bilateralen bis multilateralen Mehrfachnutzung der Landschaft mit neutralen, korrespondierenden oder konkurrierenden Funktionskreisen. Die Vielschichtigkeit der dabei notwendigen Teilaufgaben und Maßnahmen sind aus der folgenden Übersicht erkennbar:

Maßnahmen der Flurneugestaltung
- Erfassung und Analyse der Flur unter besonderer Berücksichtigung der landwirtschaftlichen Nutzflächen
- Flureinteilung in Form größerer Flurkomplexe sowie nach Rotationsbereichen und Grünlandnutzungseinheiten
- Austausch von Flächen zwischen landwirtschaftlichen Produktionseinheiten
- Nutzungsartenverteilung
- Schlaggestaltung nach Größe und Form (Gestaltung der Geländeschläge)
- Einteilung und Gestaltung von Grünlandnutzungseinheiten und Grünlandkomplexen
- Flurmeliorationen
- Landwirtschaftliche Verkehrswegenetzgestaltung
- Ermittlung der Effektivität der Flurneugestaltung

In Verbindung mit der Landschaftsgestaltung und Mehrfachnutzung eines Territoriums sind folgende Maßnahmen zu berücksichtigen:

- Schutz und sachgemäße Nutzung von Landschaftsschutz- und Trinkwasserschutzgebieten (Verhinderung der Eutrophierung)
- Erhaltung von Naturschutzgebieten und Naturdenkmälern
- Erhaltung von Wirtschaftswegen für die Forstwirtschaft und von Wanderwegen
- Festlegung landeskulturell vertretbarer Gülleflächen
- Naturgemäße Gestaltung von kleinen Ödlandflächen
- Geordnete Mülldeponie
- Erhaltung von Landschaftselementen (z. B. Fließgewässer, Teiche, enge Tallagen, Flurgehölze)

In Verbindung mit unseren Untersuchungen; insbesondere von Pretzschel und Böhme in Mittelgebirgs- und Vorgebirgslagen des Harzes, des Thüringer Waldes und auf Lößstandorten des Kreises Querfurt im Bezirk Halle, liegen hierzu eine Reihe von Erkenntnissen vor, die sowohl der standortgerechten Produktionswirksamkeit der Landwirtschaftsbetriebe als auch einer stärkeren Berücksichtigung bisher oft noch immer stark vernachlässigter landeskultureller Aspekte förderlich sein dürften [5, 6].

Tabelle 1 Standortkennzeichnung der Untersuchungsgebiete

Betriebe und untersuchte Flächen ha	NStE*)	⌀ jährl. Niederschlagsmengen mm	⌀ Jahrestemperatur °C	Höhenlage über NN m
LPG Hayn, Krs. Sangerhausen, Bez. Halle 4 500	V 5	613–723	6,5	360–430
LPG Remda, Krs. Rudolstadt, Bez. Gera 3 500	V 3 V 5	552	7,8	240–480
LPG Oberböhmsdorf, Krs. Schleiz, Bez. Gera 3 500	V 2 V 3 V 5	630–660	6,6	400–580
LPG Triptis, Krs. Pößneck, Bez. Gera 2 000	V 2 V 4 V 5	633–647	7,5	280–385

*) NStE = Natürliche Standorteinheit **) AF = Ackerfläche ***) GR = Grünland

Ein Angelpunkt bei der Flurneugestaltung — der im übrigen so manchen Meinungsstreit im letzten Jahrzehnt ausgelöst hat — ist die Größe und Form der Ackerschläge, auch als Geländeschläge bezeichnet.
Hierzu stellten wir uns folgende Zielgrößen:

- Geländeschläge mit Größen von 60 bis 100 ha, die möglichst frei sind von Flurelementen, welche die Bewirtschaftung behindern. Eine weitere Vergrößerung bringt nach unseren Erkenntnissen keine wesentlichen technologischen Vorteile. Es wird in der Folge sichtbar werden, daß wir in Gebirgslagen zum Teil noch niedrigere Schlaggrößen in Kauf nehmen müssen.
- Einfache geometrische Formen der Geländeschläge mit einem Längen—Breitenverhältnis von 2...4:1; zumindest aber Geländeschläge mit 2 parallelen Seiten. Die optimalen Längen liegen bei 600...1000 m.
- Die verkehrsmäßige Erschließung der Bewirtschaftungsflächen durch einen geringen Anteil landwirtschaftlicher Straßen und Wirtschaftwege von möglichst nicht mehr als 1% der LN.

Nutzflächenverhältnis % AF**)	GR***)	territoriale Besonderheiten	wesentliche Funktionskreise im Territorium
69	31	Mittelgebirgslage; vorwiegend Plateaucharakter mit stark geneigten Randflächen und muldenförmigen bis engen Tallagen	polyfunktionale Landschaft (Land-, Forst-, Wasserwirtschaft, Erholungswesen)
72	28	stark differenzierte Mittelgebirgs- und Vorgebirgslagen; Plateau- u. Hanglagen mit Neigungen bis > 20%	vorwiegend Land- und Forstwirtschaft
67	33	Mittelgebirgslage; vorwiegend Plateaucharakter durch Taleinschnitte unterbrochen; hoher Waldanteil	Land- und Forstwirtschaft
78	22	Vorgebirgslage; ebenes und stark geneigtes Gelände mit eingesprengten Waldflächen; Zergliederung durch Autobahn und Fernverkehrsstraßen	polyfunktionale Landschaft (Land-, Forstwirtschaft, Industrie, Verkehrswesen)

Die folgenden Tabellen und Abbildungen zeigen einen ausgewählten Teil der erzielten Ergebnisse:

Wesentliche in den Untersuchungsgebieten auftretende Flurelemente (FE) und ihr Anteil, bezogen auf 100 ha LN, sind aus den Tab. 2 und 3 zu entnehmen.

Die Anzahl der Flurelemente ist mit 26...47/100 ha LN gegenüber untersuchten Flachlandstandorten 3- bis 10fach höher. Als typisch für Mittelgebirgsstandorte anzusehen ist dabei der hohe Anteil der trassenförmigen FE mit 37...63%. Die Ursache ist ein hoher Anteil von Wirtschaftswegen und Binnengräben. Ferner besteht ein hoher Anteil „sonstiger FE", wie z. B. Feldraine, Steinwälle, Steinhaufen, verfallene Gebäude, Gehölze, als Relikte einer früheren individuellen Wirtschaftsweise. Der Anteil der mit geringen und mittleren Kosten liquidierbaren FE ist relativ hoch (46...85%) und damit günstig für die Realisierung der Verbesserung der technologischen Eignung der Schläge. Ein größerer Anteil FE als auf den Ackerflächen ist auf dem Grünland anzutreffen (54...98 FE/100 ha GR). Jedoch ist die Notwendigkeit der Liquidierbarkeit geringer als bei dem Ackerland.

Tabelle 2 Übersicht wesentlicher Flurelemente

Flurelemente			
flächenförmige	trassenförmige	hohlförmige	sonstige
Ödland, Hutung, Unland, Büsche, Flurgehölze, Obstbäume, Obstanlagen, Gärten, Sport- und Spielplätze	Wege, Straßen, Schienenstränge, Gräben, Fließgewässer, oberirdische Energieleitungen, Flurgehölzstreifen, Feldraine, Böschungen	Teiche, Senken, Vertiefungen, Sölle	Einzelgebäude, Transformatorstationen, Fundamente, Steinbrüche, Steinmassive, Einzelbäume

Tabelle 3 Absoluter und relativer Anteil an Flurelementen (FE), bezogen auf 100 ha LN, in vier Beispielsbetrieben auf Mittelgebirgsstandorten

LPG	Flurelemente je 100 ha LN				FE	Anteil liquidierbarer FE
	flächenförmige	trassenförmige	hohlförmige	sonstige	insgesamt je 100 ha LN	%
Hayn	7,0 (14,8 %)	22,9 (48,5 %)	0,7 (1,5 %)	16,6 (35,2 %)	47,2 (100 %)	67,6
Remda	9,0 (34,0 %)	13,8 (52,1 %)	0,8 (3,0 %)	2,9 (10,9 %)	26,5 (100 %)	72,9
Oberböhmsdorf	5,5 (19,9 %)	10,3 (37,2 %)	5,8 (20,9 %)	6,1 (22,0 %)	27,7 (100 %)	46,5
Triptis	3,3 (9,8 %)	21,2 (63,1%)	7,3 (21,7 %)	1,8 (5,4 %)	33,6 (100 %)	85,3

Tabelle 4 zeigt die Schlagstruktur vor und nach der Flurneugestaltung in den ausgewählten Betrieben.

Typisch für Mittelgebirgsstandorte ist die überwiegende Verteilung der Schlaggrößen vor der Flurneugestaltung auf die Schlaggrößengruppen 1...3 mit <5 ha, 5–10 ha und 10–20 ha. In Hayn und Triptis gab es im übrigen vor der Flurneugestaltung keine Schläge mit 30 ha und darüber. Nach der Flurneugestaltung sind insbesondere die Geländeschläge in den Schlaggrößengruppen 4...6 mit 30–50 ha, 50–80 ha und >80 ha zu finden. Die durchschnittliche Geländeschlaggröße erhöht sich von 2,5...13 ha auf 20...40 ha. Die ertragsmindernden Vorgewendelängen konnten um 25...80 m je ha verringert werden. Insgesamt ergab sich eine bessere Verteilung von Acker- und Grünlandkomplexen (Abb. 2, 3, 4 und 5).

Die mehr oder weniger notwendige Liquidierung von Flurelementen läßt sich nach Kostenstufen einteilen [7]. Tabelle 5 zeigt eine Gliederung nach Liquidierungsstufen unter Berücksichtigung von Aufwand und Kosten. Von den kostenauf-

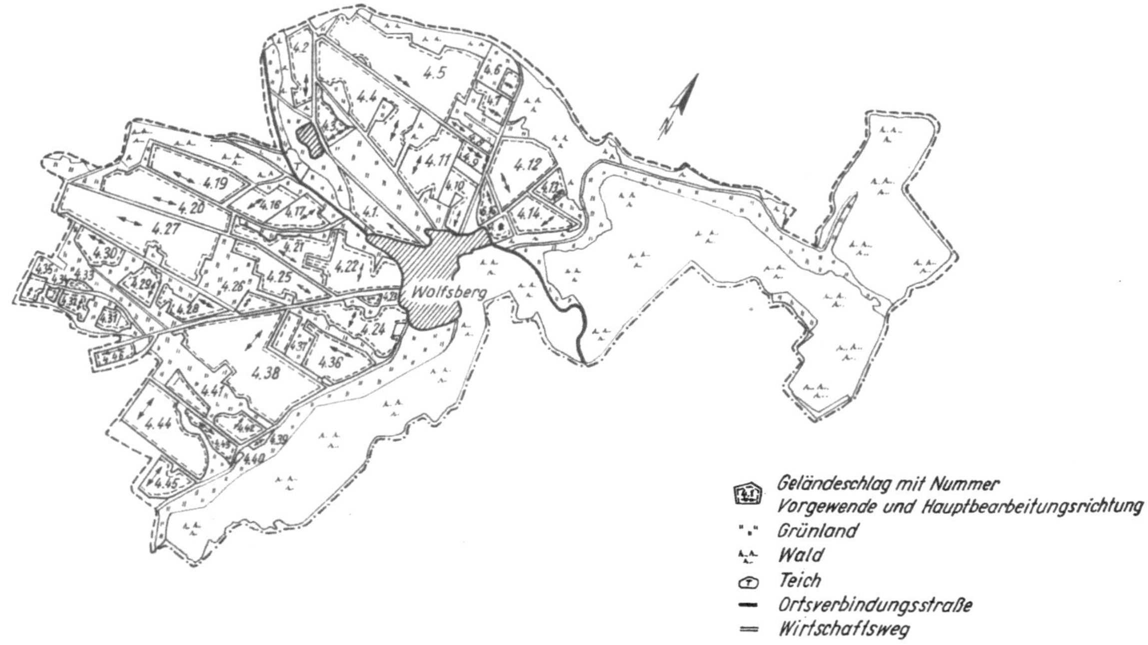

Abb 2 Flur Wolfsberg der LPG „Harz“ in Hayn vor der Neugestaltung [5]

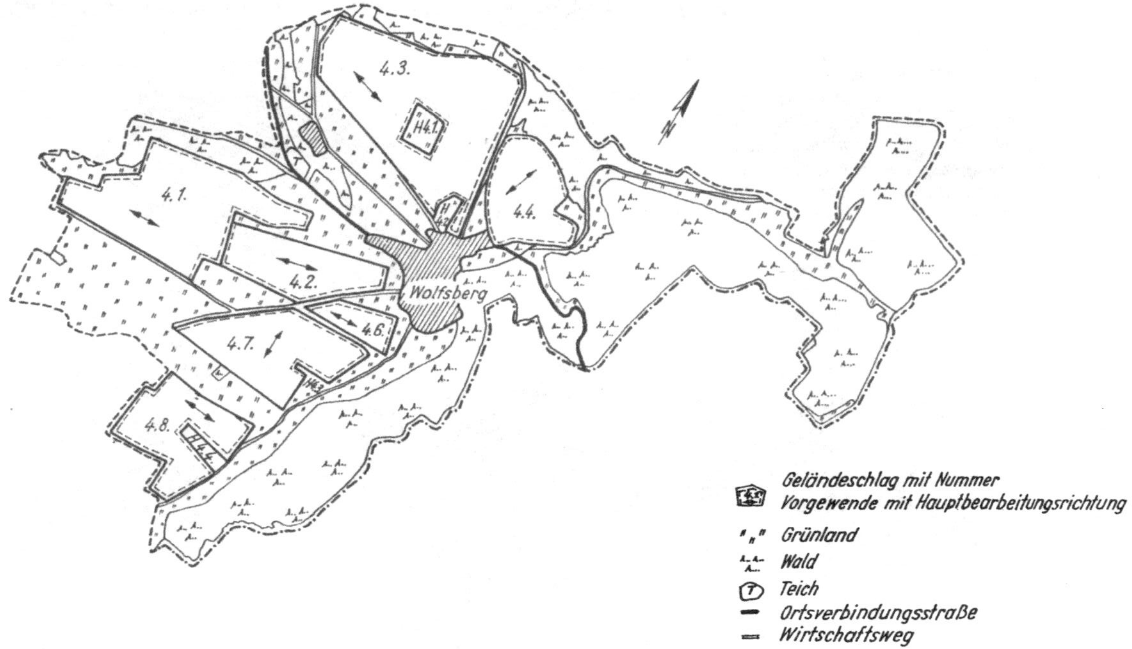

Abb. 3 Flur Wolfsberg der LPG „Harz" in Hayn nach der Neugestaltung [5]

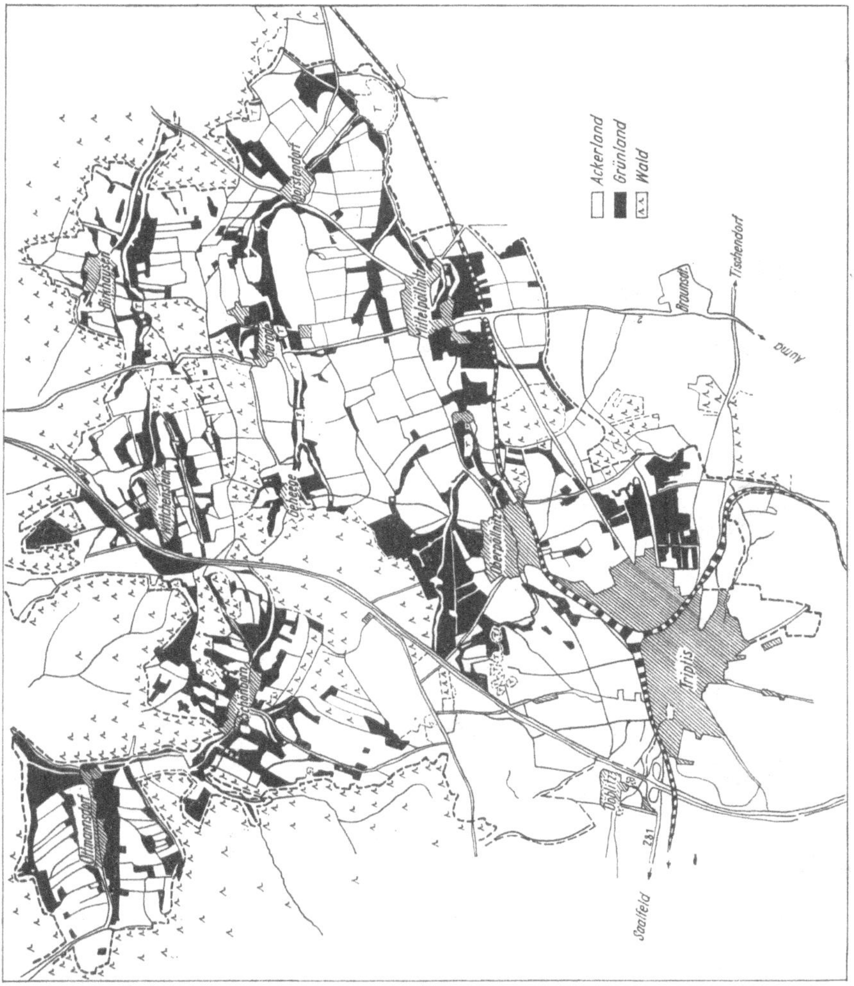

Abb. 4 Acker: Grünland-Verhältnis vor der Flurneugestaltung in der LPG Triptis [7]

wendigen Flurmeliorationen traten in den untersuchten Betrieben die Beseitigung von Wirtschaftswegen, die Verrohrung von Gräben, die Melioration von Naßstellen, die Rodung von Gehölzen und das Verfüllen von Hohlformen am häufigsten auf. Dadurch ergab sich ein Kostenaufwand je ha Ackerfläche (AF) in Höhe von 300 bis über 800 M im Gegensatz zu Hügel- und Flachlandstandorten mit Kosten bis höchstens 350 M. Im Kreis Querfurt ergab sich z. B. ein Betrag von nur 50 bis 100 M/ha AF. Andererseits konnten aber in den untersuchten Betrieben Flächenzugänge von 15...57 ha auf 1000 ha AF erzielt werden.

Eine für Landwirtschaftsbetriebe vielseitig verwendbare Arbeits- und Entscheidungsgrundlage für die Maßnahmen der Flurneugestaltung und Flurmeliorationen

Abb. 5 Acker: Grünland-Verhältnis nach der Flurneugestaltung in der LPG Triptis [7]

sind die von uns auf wissenschaftlichen Grundlagen erstellten schlagbezogenen Empfehlungen als zusammenfassende praxisorientierte Darstellung aller im Rahmen der Standortanalyse ermittelten Ergebnisse unter besonderer Kennzeichnung der Hangneigung, der Anbaueignung, der Nutzungsänderung und nicht zuletzt auch der Erosionsgefährdung. In Tab. 6 wird ein Beispiel derartiger schlagbezogener Empfehlungen wiedergegeben. Es sei nur erwähnt, daß hierzu Karten im Maßstab 1:25 000 die verbalen Informationen ergänzen.

In prinzipiell gleicher Art, wie für die Ackerflächen, erfolgen die Maßnahmen und Empfehlungen für das Grünland. Würde die Intensivierung des Grünlandes durch unterlassene flurmeliorative Maßnahmen vernachlässigt, bestände die Gefahr, daß sich ein erheblicher Teil der Grünlandflächen zu nicht mehr nutzungsfähigem Ödland entwickelt.

Hervorzuheben ist ferner die Verkehrswegenetzplanung als eine meliorative Maßnahme, welche die Flurneugestaltung ganz wesentlich ergänzt. In die Planung einbezogen werden die landwirtschaftlichen Wirtschaftswege, und zwar klassifiziert nach Belastungsklassen in kt Bruttotransportmasse sowie das öffentliche Straßennetz mit Ausnahme der Autobahnen. Die Gestaltung erfolgt mittels Planungsstufen und Richtwerten über die Verkehrswegenetzdichte nach LINDEMANN [8] (Tab. 7). Wie die Maßnahmen der Schlaggestaltung auf die Verringerung des Wegenetzes gewirkt haben, zeigt Tabelle 8, die eine Abnahme der Verkehrswegedichte mit größerer durchschnittlicher Geländeschlaggröße erkennen läßt.

Zur Flurneugestaltung gehört auch eine Nutzensermittlung. Ohne im einzelnen auf Kosten eingehen zu wollen, lassen sich folgende Vorteilswirkungen nachweisen und berechnen:

Unmittelbare Vorteilswirkungen

- rationellerer Einsatz von Maschinen und Maschinensystemen mit hoher Flächenleistung
- Senkung der unproduktiven Zeiten und Einsparungen an Maschinenwendungen und -umsetzungen
- Verringerung von ertragsgemindertem Vorgewende
- Produktionssteigerung durch Flächengewinn
- Einsatz arbeitskräftesparender Verfahren der Beregnung
- Produktionssteigerung durch lokale Bodenmeliorations-, Hydromeliorations- und Bodenschutzmaßnahmen

Mittelbare Vorteilswirkungen

- bessere Betriebsorganisation
- Freisetzung von Arbeitskräften für weitere Intensivierungsmaßnahmen
- Einhaltung agrotechnisch optimaler Zeitspannen infolge höherer Schlagkraft der Maschinen und Maschinensysteme
- Erzeugung einheitlicher, großer Partien von Produkten als Voraussetzung für eine rationelle Weiterverarbeitung
- Ertragssteigerung durch Bewässerung großer Flächen
- günstigere Voraussetzungen für eine effektive Transportoptimierung

Im Flach- und Hügelland konnte ein jährlicher finanzieller Nutzen von 10 bis 25 M/ha AF und in Vor- und Mittelgebirgslagen von 45 bis 130 M/ha AF erzielt werden. Die Rückflußdauer in Abhängigkeit von den genannten Kosten der Flurmelioration liegt bei 4 bis 12 Jahren.

Die bisherigen Ausführungen bezogen sich auf ein Beispiel der Beziehungen zwischen Meliorationswesen und Landeskultur, bei dem der Funktionskreis der Landwirtschaft mit seinen Interferenzen ein Territorium und die dort möglicherweise wirksamen anderen Funktionskreise — gelegentlich sogar bis zu Konfron-

Tabelle 4 Anteile der Schlaggrößengruppen in Prozent der Ackerfläche, durchschnittliche Geländeschlaggröße und Vorgewendelänge in vier Beispielsbetrieben auf Mittelgebirgsstandorten vor und nach der Flurneugestaltung

LPG		Schlaggrößengruppen		
		1 < 5 ha	2 5–10 ha	3 10–30 ha
Hayn	vor	22,7	28,0	49,3
	nach	–	1,3	27,9
Remda	vor	12,7	26,2	42,8
	nach	2,6	11,1	25,2
Oberböhms-dorf	vor	8,1	9,8	34,5
	nach	1,0	3,7	20,9
Triptis	vor	52,4	24,3	23,3
	nach	0,1	2,1	22,1

tationen — beeinflussen kann und dabei in tiefgreifender Weise die Landschaft mitgestaltet. Ein weiteres Beispiel soll zeigen, in welcher Weise die Landwirtschaft selbst durch andere Funktionskreise herausgefordert wird, sich für einen bedeutsamen landeskulturellen Beitrag zu engagieren, wobei sie sich als Mittel zum Zweck weitgehendst des Meliorationswesens auf der Grundlage der Hydromelioration „Bewässerung“ bedienen kann. Gemeint ist die Übernahme kommunaler Abwässer mit den Zielen der natürlichen biologischen Reinigung durch den Boden und der gleichzeitigen Nutzung zur anfeuchtenden und düngenden Bewässerung der Kulturpflanzen in Verbindung mit deren Ertragssteigerung. Prinzipiell liegt hier wiederum eine landeskulturelle und gleichzeitig meliorative Maßnahme vor, die ihren besonderen Wert durch die Mithilfe bei der Entlastung der Oberflächengewässer von Abprodukten und der Wiederverwendung von Sekundärrohstoffen sowie letztlich auch der Mehrfachnutzung von Wasser hat.

In der DDR fallen zur Zeit 0,9...1,0 Mrd. m^3/a kommunale Abwässer an. Davon werden etwa 137...140 Mio m^3/a mechanisch vorgereinigter Abwässer auf landwirtschaftlichen Nutzflächen biologisch gereinigt und verwertet. Neben den bekannten Berliner Rieselfeldern ist vor allem die weiträumige Abwasserbodenbehandlung mit derzeitig 40 000 ha Erschließungsfläche, wie z. B. in den Gebieten von Leipzig—Delitzsch und Görlitz—Zodel, zu nennen. Da somit zur Zeit nur etwa 14% der anfallenden kommunalen Abwässer von der Landwirtschaft übernommen werden und ein weiterer laufender Anstieg des Anfalles derartiger Wässer bis zum Jahr 2000 zu erwarten ist, wird an die Landwirtschaft die Forderung gestellt, in bedeutend höherem Maße dieses Wasser- und Düngestoffpotential zu nutzen. Da das Wasserdargebot für die Bewässerung von seiten der Wasserwirtschaft bei weitem nicht überall aus dem sogenannten Klarwasser gesichert werden kann und die bis-

4 30–50 ha	5 50–80 ha	6 > 80 ha	x̄ Geländeschlaggröße ha	x̄ Vorgewendelänge m/ha
–	–	–	5,5	97,4
35,6	29,1	6,1	31,5	56,5
12,2	6,1	–	8,8	116,4
15,2	28,1	17,8	20,7	47,5
23,6	19,6	4,4	13,1	70,4
15,0	22,0	37,4	35,9	45,6
–	–	–	2,5	113,9
20,8	15,7	39,2	39,9	34,0

Tabelle 5 Liquidierungsstufen von Flurelementen in Abhängigkeit vom Aufwand und von Aufwandskosten

Liquidierungsstufe	Aufwand	Kosten (M)	Erläuterungen
I	gering	< 2 000	Zumeist in Eigenleistung der Betriebe u. a. mit Meliorationsbrigaden durchführbar; kein oder geringer Materialaufwand (z. B. Beseitigung von Einzelgehölzen, Steinhaufen, funktionslosen Binnengräben)
II	mittel bis hoch	2 000 bis 10 000	Nur mit ± hohem Materialaufwand durchführbar (z. B. Beseitigung nicht befestigter Wirtschaftswege, Beseitigung von Naßstellen)
III	sehr hoch	> 10 000	Vorwiegend mit Fremdleistungen u. a. von Meliorationsbaubetrieben durchführbar; dabei hoher Materialaufwand und eventuell Ersatzinvestitionen notwendig (z. B. Beseitigung von Hohlformen, Teichen und befestigten Wirtschaftswegen; Grabenverrohung, Rodungsarbeiten)
IV	nicht liquidierbar oder ökonomisch nicht vertretbar		Hierzu können unveränderliche Flur- und Landschaftselemente, wie z. B. öffentliche Verkehrswege, Ortslagen, Forstflächen, das Landschaftsgepräge bestimmende Flurelemente, gegebenenfalls auch Stauanlagen; Einzelgehöfte, Flurgehölze und Naturdenkmäler rechnen

Tabelle 6 Auswertung der Relief-Bodenverhältnisse und schlagbezogene Empfehlungen (LPG Hayn)

Geländeschlag Nr.	ha	Relief: maximale Hangneigungsgruppe	Relief: übrige Hangneigungsgruppen	Bodenverhältnisse: überwiegende Bodenform	Bodenverhältnisse: restliche Bodenformen
2.9.	48,13	2 (4%)	1 (60%) 0 (36%)	$4\frac{\text{vö}}{\text{ln}}$ BF (60%)	⑩ $\frac{\text{vö}}{\text{ln}}$ S + $\frac{\text{vö}}{\text{ln}}$ HaX (20%) ② $\frac{\text{vö}}{\text{n}}$ B (10%) ③ $\frac{\text{vö}}{\text{n}}$ BF (10%)

Ackerbauliche und meliorative Maßnahmen:

Krumenvertiefung ist anzustreben. Bei der Kartierungseinheit ② ist die Mächtigkeit des Berglößes und der Fließerde zu berücksichtigen. Tieflockerung und Tiefkalkung kann durchgeführt werden, wobei die Kartierungseinheit ② nur eine Unterbodenlockerung erhält. Bei der Tieflockerung der Kartierungseinheit ③ sind die Stellen mit anstehendem Schutt auszulassen. Die Regulierung des Wasserhaushaltes der Kartierungseinheit ⑩ erfordert spezielle Maßnahmen. In Frage kommen neben Bedarfsdränung auch Fangdräns und die Verfahrenskombination. Erosionsschutzmaßnahmen durch hangparallele Bodenbearbeitung sichern. Für eine ausreichende Nährstoffversorgung einschließlich Kalkung ist zu sorgen.

Anbaueignung:
Alle Kulturen, auch Hackfrüchte (Kartoffeln).

Tabelle 7 Einstufung der Standorte nach Standortlage, Bodenverhältnissen und Grünlandanteilen sowie Vorgabe an notwendiger Verkehrswegenetzdichte (Wirtschaftswege und Straßen) nach LINDEMANN [8]

Bodenverhältnisse Grünlandanteile	Standortlage Ebene m/ha LN	Hügelland m/ha LN	Mittelgebirge m/ha LN
Böden gut bis mittel befahrbar			
über 30% Grünland	10,0...12,5	12,5...15,0	15,0...17,5
unter 30% Grünland	12,5...15,0	15,0...17,5	17,5...20,0
Böden erschwert befahrbar			
über 30% Grünland	15,0...17,5	17,5...20,0	20,0...22,5
unter 30% Grünland	17,5...20,0	20,0...22,5	22,5...25,0

Tabelle 8 Ergebnisse der Verkehrswegenetzdichte, des Anteiles an Wirtschaftswegen je ha LN und der Einsparung an Wirtschaftswegen in vier LPG Pflanzenproduktion auf Mittelgebirgsstandorten im Harz und in Thüringen

LPG	Vorgaberichtwert m/ha LN	Verkehrswegenetzdichte Pv*) m/ha LN	Verkehrswegenetzdichte Pn**) m/ha LN	Reduzierung (Pv zu Pn) %	Einsparung insgesamt km	Einsparung insgesamt ha	Einsparung je 1000 ha LN km	Einsparung je 1000 ha LN ha	Anteil der Wirtschaftswege (Pn) in % der LN
Hayn	22,5–25,0	54,2	24,9	54	133	46,6	29,3	10,3	≦ 1
Triptis	22,5–25,0	80,6	17,2	79	120	54,0	63,4	28,5	≦ 1
Oberböhmsdorf	22,5–25,0	41,7	22,6	46	82	19,5	19,1	4,7	≦ 1
Remda	22,5–25,0	50,7	28,0	45	59	34,9	22,0	13,0	1,23

*) Pv = vor der Planung **) Pn = nach der Planung

her zum Einsatz kommenden kommunalen Abwässer nur 12% des Gesamtbedarfes an Bewässerungswasser abdecken, besteht grundsätzlich auch von seiten der Landwirtschaftsbetriebe Interesse an diesem flüssigen Abprodukt sowie den bei der mechanischen Vorreinigung anfallenden Abwasserschlämmen. In diesem meliorativ-landeskulturellen Maßnahmekomplex finden sich somit noch nutzbare Reserven einerseits der Reinigung, andererseits der Verwertung von Abprodukten. Neben dem Produktionsfaktor Wasser ergeben sich auch Düngestoffzufuhren, von

Tabelle 9 Gegenüberstellung der Reinigungsleistung von Abwasserbehandlungsverfahren bei kommunalem Abwasser
(auszugsweise nach Kramer [12])

Inhaltsstoff	Reinigungsleistung (%)	
	künstlich-biologisches Verfahren	Abwasserbodenbehandlung
N	24...28	90
P	20...25	100
K	4	90
BSB_5	70...95	100

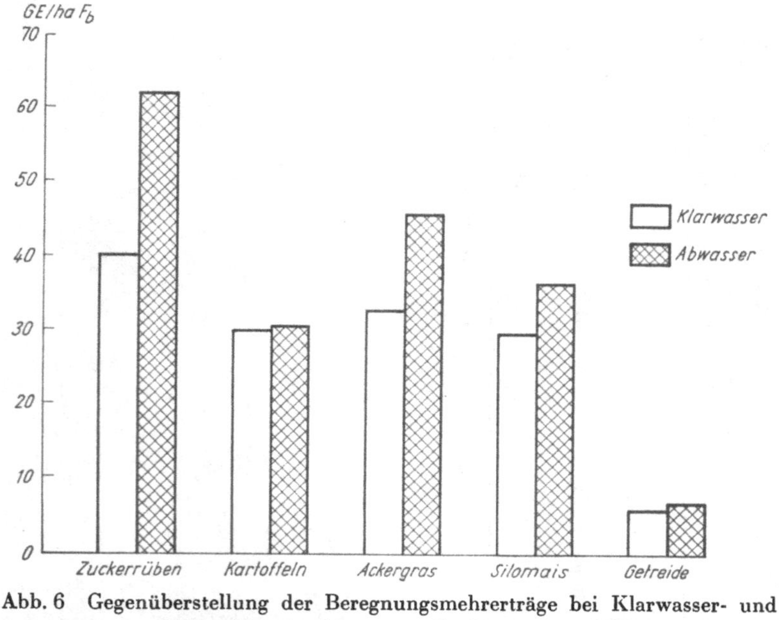

Abb. 6 Gegenüberstellung der Beregnungsmehrerträge bei Klarwasser- und Abwasserverregnung in GE/ha F_b, abgeleitet aus Großversuchen 1970 bis 1976 unter Praxisbedingungen in der DDR (F_b = beregnete Fläche; GE = Getreideeinheit) [10]

Tabelle 10 Gesamterträge des Welschen Weidelgrases (Lolium multiflorum), Sorte Dilana in den Jahren 1974 bis 1978 (LPG (P) Burgwerben, Krs. Weißenfels, Lößschwarzerde)

Jahr		1974	1975	1976	1977	1978	$\bar{x}$
Zusatzregenmenge mm		120/210*)	60/210	90/300	120/240	50/200	88/232
Frischmasseertrag (dt/ha)	unbereg.	672,8	415,1	359,7	872,2	386,7	541,3
	bereg.	911,3	728,6	885,5	1193,0	946,1	932,9
Frischmassemehrertrag	(dt/ha)	238,5	313,5	525,8	320,8	559,4	391,6
	(kg/mm)	72	116	135	89	224	122
Trockenmasseertrag (dt/ha)	unbereg.	100,0	80,1	60,1	130,9	64,7	87,2
	bereg.	127,3	110,0	124,3	161,0	112,0	126,9
Trockenmassemehrertrag	(dt/ha)	27,3	29,9	64,2	30,1	47,3	39,7
	(kg/mm)	8	11	16	8	19	12
Energieertrag (kEFr/ha)**)	unbereg.	5533	4409	3253	6970	3396	4712
	bereg.	6862	5722	6336	8244	5575	6548
Energiemehrertrag		1329	1313	3083	1274	2179	1836
Ertrag an verdaulichem Rohprotein (dt/ha)	unbereg.	17,2	8,7	5,7	20,5	7,3	11,9
	bereg.	18,7	13,6	17,1	23,4	15,2	17,6
Mehrertrag		1,5	4,9	11,4	2,9	7,9	5,7

*) Winterberegnung/Vegetationsberegnung **) kEFr = Kilo-Energetische Futtereinheit Rind

denen die Vorfluter entlastet werden. 1 kg Rein-Stickstoff im Wasser ermöglicht nach FIEDLER [9] die Produktion von etwa 125 kg Biomasse, die sich in den Oberflächengewässern als hohe organische Belastung auswirkt. Die Verwertung durch die Pflanzen und die Reinigungsleistung durch den Boden wirken dagegen der Eutrophierung der Gewässer mit N und P entgegen. Die Bodenreinigung stellt bekanntlich alle künstlichen biologischen Verfahren in Kläranlagen in den Schatten (Tab. 9).

Von uns, zusammen mit SCHWARZ [10, 11], auf verschiedenen Standorten durchgeführte Untersuchungen ergaben Erträge bzw. Mehrerträge, die einen für die Landwirtschaft meßbaren Nutzeffekt dieser meliorativ-landeskulturellen Maßnahme darstellen (Abb. 6, Tab. 10 u. 11). Insgesamt werden nach KRAMER [12] im langjährigen Mittel durch die Abwasserbodenbehandlung im Vergleich zur Klarwasserberegnung Mehrerträge von 10,6 GE/ha erreicht. Es darf jedoch nicht übersehen werden, daß die Landwirtschaft hierbei auch eine Reihe von Problemen zu bewältigen hat. Hierzu gehört die konsequente Realisierung der Hygienevorschriften und der dort vorgegebenen Karenzzeiten. Die Betriebs- und Anbaustruktur sind entsprechend zu gestalten. Die Landwirtschaftsbetriebe werden mit

Tabelle 11 Ergebnisse der Zuckerrübenberegnung (Rübenkörper) in den Jahren 1974 bis 1978
(LPG (P) Bergwerben, Krs. Weißenfels, Lößschwarzerde)

Jahr		1974	1975	
Zusatzregenmenge mm		60	60	120
Frischmasseertrag	unbereg.	241,0	309,2	317,6
(dt/ha)	bereg.	318,4	361,8	454,8
Frischmassemehrertrag	(dt/ha)	77,4	52,6	137,2
	(kg/mm)	129	88	114
Saccharosegehalt	unbereg.	15,3	13,6	15,4
(°S)	bereg.	15,0	13,9	14,2
Differenz		−0,3	+0,3	−1,2
Schädlicher Stickstoff (%)	unbereg.	0,048	0,087	0,047
	bereg.	0,052	0,137	0,048
Differenz		+0,004	+0,050	+0,001
Bereinigter Zuckerertrag	unbereg.	24,6	22,5	35,5
(dt/ha)	bereg.	30,6	19,8	43,0
(n. LÜDECKE)				
Differenz		+6,0	−2,7	+7,5

*) für $\alpha = 0,05$

der Lösung der Frage der ganzjährigen Abnahme des Abwassers und der Schaffung von Entlastungsflächen konfrontiert. Mit zunehmend schwereren Böden und Niederschlägen ist die einzusetzende Abwassermenge zunehmend niedriger zu bemessen. Der schwankende Gehalt an Inhaltsstoffen erschwert eine genaue Bilanzierung der Düngung entsprechend den schlagbezogenen EDV-Düngungsempfehlungen. Territorial vertretbare Abgabe- und Übernahmevereinbarungen zwischen Wasserwirtschaft und Landwirtschaft sind von hoher Bedeutung. Die Mehrfachnutzung eines Territoriums und die Länge der Abwasserzuleitung aus kanalisierten Wohngebieten können als begrenzende Faktoren auftreten.

Hierzu werden in der Folge noch zwei Ergebnisse unserer Untersuchungen angeführt, die sich vor allem auf die Sicherung von pflanzenbaulich und landeskulturell vertretbaren Abwassermengen unter Berücksichtigung spezifischer Standortverhältnisse beziehen.

Grünland und Ackerfutterflächen sind bekanntlich günstige Einsatzbereiche für kommunale Abwässer. Untersuchungen zum Einfluß verschiedener Abwassermengen auf das Edaphon einer Reihe von Grünlandstandorten zeigen nach Kreuz [13] Grenzbereiche für die Applikationsmengen in Abhängigkeit vom

1976		1977	1978		$\bar{x}$
120(I)	120(II)	60	50	100	86
202,5	141,5	409,4	368,8	368,8	294,9
348,2	346,8	425,5	430,8	417,4	388,0
145,7	205,3	16,1	62,0	48,6	93,1*)
121	171	27	124	49	108
15,3	14,6	14,6	15,8	15,8	15,1
14,0	13,0	13,9	14,7	14,6	14,2
−1,3	−1,6	−0,7	−1,1	−1,2	−0,9*)
0,052	0,054	0,070	0,109	0,109	0,072
0,062	0,05	0,074	0,177	0,192	0,099
+0,010	−0,006	+0,004	+0,068	+0,083	+0,027
21,8	12,9	37,0	39,2	39,2	29,1
31,1	24,9	31,0	29,0	26,0	29,4
+9,3	+12,0'	−6,0	−10,2	−13,2	+0,3

jeweiligen Standort, bei denen eine ausgeglichene Population der Mikroorganismen im Boden gestört wird. Sie lassen ferner erkennen, daß auch aus der Sicht der biologischen Komponente des Bodens die zukunftsträchtige weiträumige Abwasserbodenbehandlung mit niedrigeren, dem Pflanzenbedarf angepaßten Bewässerungsgaben den sogenannten Rieselfeldern mit hohen bis extrem hohen Mengen vorzuziehen ist. Als Beispiel wird auf die Wirkung kommunaler Abwässer auf das Auftreten und die Abundanz von Milben hingewiesen (Abb. 7 und 8). In gleicher Weise reagierten auch Collembolen auf den untersuchten Standorten.

In einer Reihe von Fällen werden kombinierte Bewässerungen mit Oberflächenwässern und flüssigen Abprodukten zunehmend Bedeutung gewinnen. Ein besonders eklatantes Beispiel ist der Beregnungseinsatz mit Abwasser-Güllefugat-Saalewasser-Gemischen auf einer Lößschwarzerde in der LPG (P) Burgwerben bei Weißenfels, unmittelbar im Weichbild des Leuna-Werkes, und zwar auf einer Fläche von rd. 1500 ha, wovon die Erträge verschiedener mit Abwasser versorgter Feldfrüchte bereits in den Tab. 10 und 11 dargestellt worden sind. Besonders hier, aber auch grundsätzlich beim Einsatz von flüssigen Abprodukten ist eine ständige Kontrolle der dem Boden zugeführten, das Pflanzenwachstum fördernden oder auch schädigenden Inhaltsstoffe dringend erforderlich. Die häufige, d. h. tägliche Schwankung der Konzentration der Inhaltsstoffe im Wasser verlangt eine besondere Aufmerksamkeit, erschwert aber zugleich die Ermittlung. Tägliche Laboranalysen sind im Rahmen von Versuchen, nicht aber für die Praxisbetriebe durch-

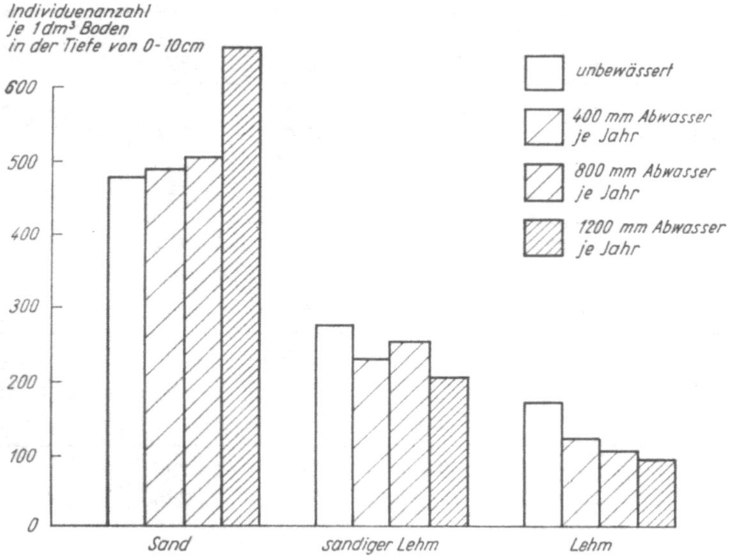

Abb. 7 Besiedlungsdichte der Milben in Grünlandböden unter dem Einfluß zunehmender Bewässerungsintensität mit Abwasser [13]

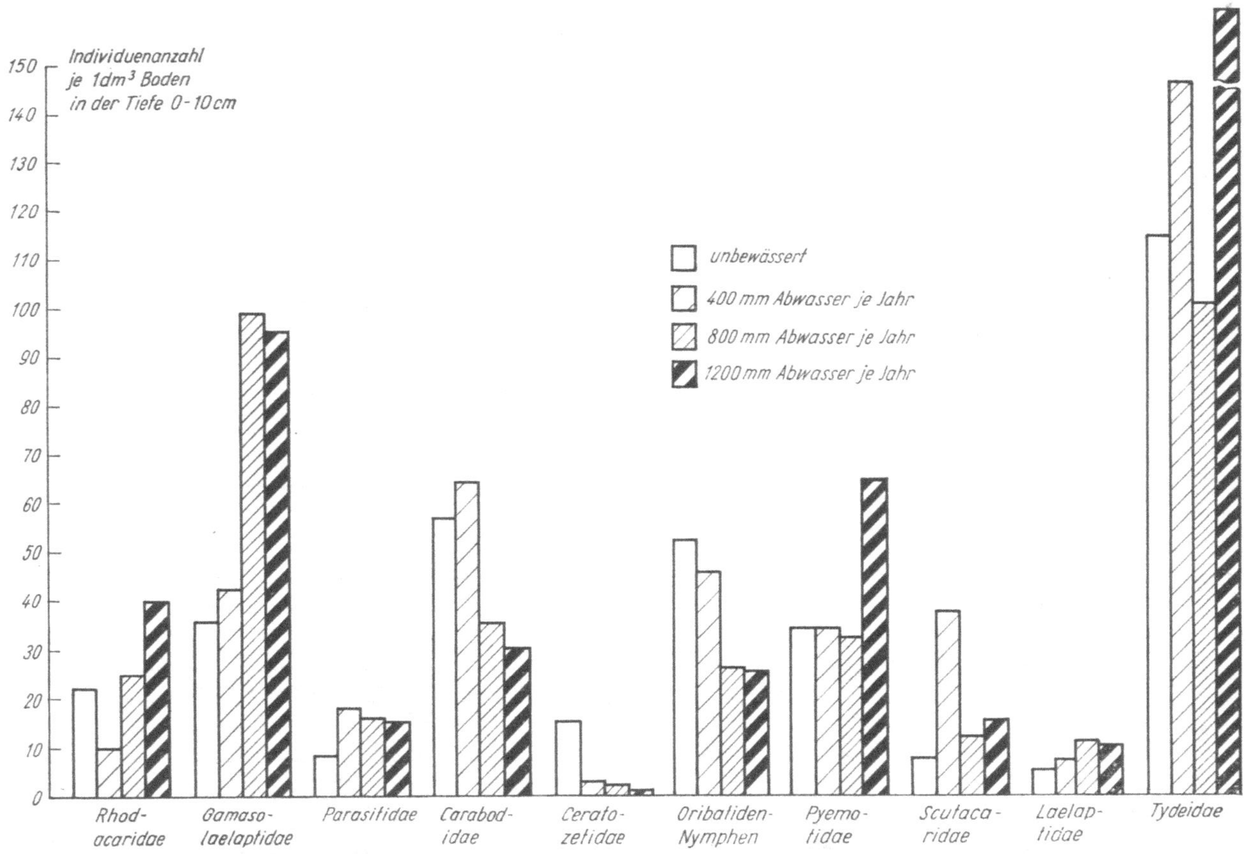

Abb. 8 Abundanz dominierender Milben-Gruppen im Sandboden unter dem Einfluß vierjähriger Abwasserverrieselung [13]

führbar. Wir konnten eine von Abdank [14] entwickelte, mit hinreichender Genauigkeit ausgestattete Methode vorlegen, durch die — von der elektrischen Leitfähigkeit oder dem Abdampfrückstand der Wassergemische ausgehend mittels

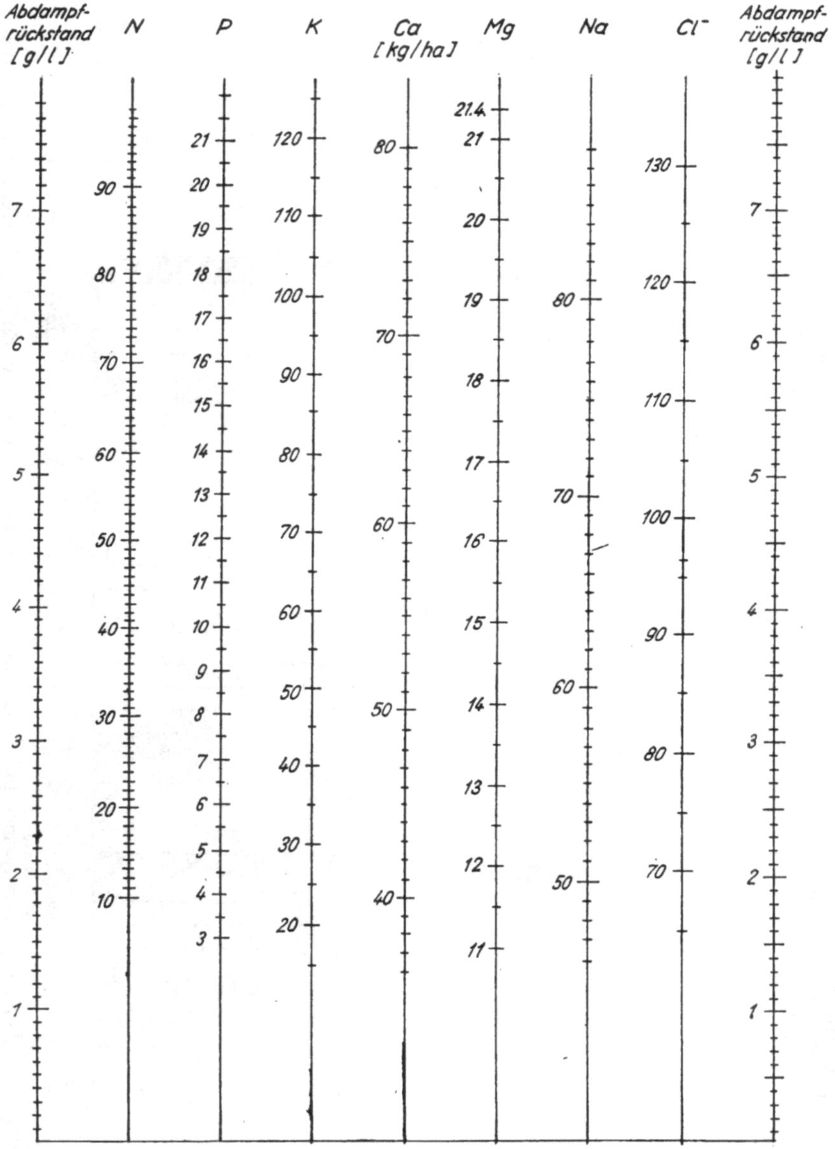

Abb. 9 Nomogramm zur Bestimmung der Menge der applizierten Inhaltsstoffe an Hand des Abdampfrückstandes bei einer Zusatzregenmenge von 20 mm [14]

Regressionsfunktionen — die bei der Verregnung applizierten N-, P-, K-, Ca-, Mg-, Na- und Cl-Mengen geschätzt werden. Die beiden Kennwerte können mit vertretbarem Aufwand in den Landwirtschaftsbetrieben in angemessenen Zeitintervallen bestimmt werden. Die günstigsten Schätzwerte ergaben sich bei Stickstoff. Aufgestellte Nomogramme bei verschieden hohen Abwassergaben erleichtern die praktische Anwendbarkeit (Abb. 9).

In Verbindung hiermit ist nochmals besonders hervorzuheben, daß trotz der laufend neu erarbeiteten oder ergänzten Standards, die im Rahmen der Abwasserverwertung der Landwirtschaft der DDR zur Verfügung stehen, die standort- und bewässerungsspezifischen Zusammenhänge immer wieder einer besonderen Aufmerksamkeit, sowohl in der wissenschaftlichen Grundlagenforschung als auch beim praktischen Bewässerungseinsatz, bedürfen. In zunehmendem Maße werden wir im Rahmen der erheblichen Dynamik der hierbei im System Wasser-Boden-Pflanze ablaufenden Prozesse mit ihren chemisch-physikalisch-biologischen Komponenten neben quantitativen Beobachtungen schließlich auch qualitative Gesichtspunkte zu berücksichtigen haben, um damit auch den nahtlosen Übergang zu qualitätsgerechten Futtermitteln für die Tierproduktion sowie zu möglichst schadstofffreien Pflanzen- und Tierprodukten für die menschliche Ernährung zu erreichen [15]. Unter diesem Gesichtspunkt mögen im übrigen auch die gesamten obigen Ausführungen zu den Zusammenhängen zwischen dem Meliorationswesen und der Landeskultur in Verbindung mit der Nahrungsgüterproduktion der Landwirtschaft für die Menschen in unserem Lande verstanden werden.

Literatur

[1] Neef, E.: Allgemeine Fragen der sozialistischen Landeskultur. In: Brockhaus Handbuch sozialistische Landeskultur. Umweltgestaltung — Umweltschutz. Leipzig 1977, S. 19—74.

[2] Gesetz über die planmäßige Gestaltung der sozialistischen Landeskultur in der Deutschen Demokratischen Republik — Landeskulturgesetz — vom 14. Mai 1970 (GBl. I 1970, S. 67).

[3] Dörter, K.: Nutzung und Schutz des Bodens. In: Brockhaus Handbuch sozialistische Landeskultur. Umweltgestaltung — Umweltschutz. Leipzig 1977, S. 99—139.

[4] Dörter, K.: Probleme und Erfahrungen bei der Entwicklung einer intensiven landwirtschaftlichen Produktion im Landschaftsschutzgebiet des Harzes, Berlin 1978 (Sitzungsber. Sächs. Akad. Wiss. zu Leipzig, math.-nat. Kl. Bd. 113, H. 3).

[5] Grundlagen der Schaffung einer landeskulturell hochwertigen Agrarlandschaft unter den Bedingungen der industriemäßigen Pflanzenproduktion auf der Basis der Flurneugestaltung und Flurmelioration auf Mittelgebirgsstandorten, Teil II: Ergebnisse der Flurneugestaltung und Flurmelioration auf ausgewählten Mittelgebirgsstandorten in der DDR: Forschungsabschlußber./Univ. Halle-Wittenberg, Sekt. Pflanzenprod. u. Landw. Hochschule Nitra, Bearb.: M. Pretzschel, G. Böhme, 1980.

[6] Pretzschel, M., G. Böhme, K. Dörter u. M. Dauderstädt: Einige Aspekte zu den Aufgaben und Möglichkeiten der Verbesserung der technologischen Eignung der

Böden im Bereich der AIV (P) Querfurt. In: Die Zusammenarbeit von Wissenschaft und Produktion in der Agrar-Industrie-Vereinigung Pflanzenproduktion Querfurt bei der Intensivierung der Pflanzenproduktion mit Hilfe des wissenschaftlich-technischen Fortschritts — Ergebnisse, Erfahrungen, Verallgemeinerungen, Hrsg.: Rat d. Bezirkes Halle, Abt. Land- und Nahrungsgüterwirtsch. u. AIV (P) Querfurt, 1981, S. 33—37.

[7] Rudolf, G.: Ergebnisse der Flurneugestaltung unter den standortspezifischen Bedingungen einer thüringischen Vorgebirgslage, dargestellt am Beispiel der LPG „Neue Zeit" Geroda, Kreis Pößneck, Bez. Gera, Dissertation an der Landw. Fak. der Martin-Luther-Universität Halle-Wittenberg, 1973.

[8] Lindemann, G.: Verkehrswegenetzgestaltung in der sozialistischen Landwirtschaft (Abriß), Bad Freienwalde, VEB Ingenieurbüro f. Meliorationen, 1978.

[9] Fiedler, R.: Probleme der Wasserwirtschaft und des Umweltschutzes bei der Gestaltung großflächiger Meliorationsgebiete, Wasserwirtschaft-Wassertechnik **23** (1973), S. 305—309.

[10] Schwarz, K. u. a.: Produktivität und Effektivität der Beregnung in Abhängigkeit von Fruchtart, Standort und Bodennutzungstyp, Arch. Acker- u. Pflanzenbau u. Bodenkde. **22** (1978), S. 721—730.

[11] Abdank, H. und K. Dörter: Mehrjährige Ergebnisse der Zuckerrüben- und Ackergrasberegnung mit Abwasser auf einem Lö 1-Standort, Tag.-Ber., Akad. Landwirtsch.-Wiss. DDR, Berlin (1980) 180, S. 257—263.

[12] Kramer, D. u. a.: Schutz der Wasserressourcen vor diffusen Eintragungen aus landwirtschaftlichen Nutzflächen unter den Bedingungen der Abwasserbodenbehandlung, Wasserwirtschaft-Wassertechnik **30** (1980), S. 408—409.

[13] Kreuz, E.: Untersuchungen über den Einfluß weiträumiger Abwasserlandbehandlung auf die terricole Mesofauna des Grünlandes im Hinblick auf die Erhaltung der Bodenfruchtbarkeit, Kühn-Arch. **77** (1963), S. 75—132.

[14] Abdank, H.: Möglichkeit zur näherungsweisen quantitativen Ermittlung einiger das Pflanzenwachstum beeinflussender Inhaltsstoffe eines Abwasser-Güllefugat-Klarwasser-Gemisches, Arch. Acker- u. Pflanzenbau u. Bodenkde. **23** (1979), S. 681—693.

[15] Dörter, K.: Aphorismen zur Qualität des Bewässerungswassers, Berlin 1981 (Sitzungsber. Sächs. Akad. Wiss. zu Leipzig, math.-nat. Kl. Bd. 115, H. 2).

Rudolf Junghans

Stand und Strategien der Lärmbekämpfung, ökonomische Auswirkungen

Nach wie vor ist die Spitzenstellung des berufsbedingten Gehörverlustes bei den jährlichen Neuanerkennungen aller 42 Berufskrankheiten (BK) in der DDR eindeutig vorhanden, obwohl etwa seit 1978 ein merklicher Rückgang der Absolutzugänge zu beobachten ist. Dennoch sind immer noch 40% aller Berufskranken unseres Landes unheilbar lärmgeschädigt.

Außerhalb des Arbeitsplatzes, dort also, wo der Begriff „Berufskrankheit" nicht mehr zutrifft oder nicht mehr anwendbar ist, belästigen Geräusche den täglichen Lebensrhythmus des Menschen durch Straßenverkehrslärm, schienengebundenen Lärm, Fluglärm, Baulärm, Nachbarschaftslärm u. ä. Diese Schallereignisse schädigen aber nicht ohne weiteres direkt das Hörorgan, beeinflussen aber unsere Aufmerksamkeitsleistung, unser Konzentrationsvermögen, damit unsere Leistungsbereitschaft und schließlich unseren Schlaf.

Die Bemühungen von Landesregierungen und territorialen Behörden haben sich deshalb seit etwa 20 Jahren speziell in den Industriestaaten darauf konzentriert, durch eine Lärmgrenzwertfestlegung einen hinreichenden Schutz der menschlichen Gesundheit einerseits und eine möglichst sichere Abwehr belästigender Geräusche andererseits durch Gesetzeskraft zu schaffen.

Im folgenden Abschnitt möchte ich die derzeitige Situation auf dem Gebiete von Grenzwertfestlegungen darlegen und die Problematik in den Vordergrund stellen, die mit der Aufstellung derartiger Grenzwerte zusammenhängt.

Der Hauptgrund des noch immer vorhandenen Meinungsstreites über die Richtigkeit existierender Lärmgrenzwerte in den einzelnen Ländern liegt in der Schwierigkeit, die Objektivität physikalischer Lärmmessungen mit der Subjektivität von Lärmempfindungen und akustischen Störeinflüssen auf die menschliche Gesundheit zu koppeln.

Die Lärmbekämpfung befaßt sich grundsätzlich mit der Wirkungskette Maschine — Umgebung — Mensch. Gemessen wird dabei zunächst die Schallimmission am Ohr des Menschen als das objektive Maß für Lärm, dem der Mensch ausgesetzt ist. Die dabei ermittelten physikalischen Schallgrößen werden anschließend von medizinischen Fachkollegen auf evtl. gesundheitliche Auswirkungen untersucht und beurteilt. Immissionsbegrenzungen erfolgen also in der Hauptsache unter arbeitshygienischen Gesichtspunkten; sie sollen eine möglichst einheitliche Beurteilung der Lärmsituation erreichen. Immissionsgrenzwerte haben immer zu Diskussionen geführt, weil in der Praxis, ganz besonders im Bereich der Arbeitsumwelt, derartige Grenzwerte sämtliche Lärmerdulder zuverlässig schützen müssen, d. h. 20jährige genauso wie 60jährige und vitale Menschen genauso wie Menschen mit individuellen Sorgen usw.

Daraus folgt, daß jahrzehntelang die Immissionsgrenzwerte in den einzelnen Ländern nahezu ausschließlich der Vermeidung des berufsbedingten Innenohrschadens dienen.

Mögliche Schäden oder Einflüsse auf das vegetative Nervensystem (nicht direkt auf das Gehörorgan) zwischen etwa 40—85 dB (A) sind auch heute noch nur in einigen fortschrittlichen Ländern konkret untersucht und zum Teil durch Meßvorschriften limitiert worden. Gerade hierbei rückt die Problematik der Objektivität dieser Messungen in den Vordergrund. In einer Empfehlung des Arbeitsringes für Wohnungsmedizin der BRD wird behauptet: „Die Objektivität der Beurteilung von Lärm durch physikalische Messungen stellt vielfach eine Scheingenauigkeit dar, die dem subjektiven Empfinden des betroffenen Menschen nicht Rechnung trägt, denn physische Lärmeinflüsse sind physikalisch nicht meßbar."

Es heißt in der gleichen Empfehlung an anderer Stelle: „Die Subjektivität der Lärmempfindung und der akustischen Störeinflüsse muß bei der medizinischen Lärmbeurteilung berücksichtigt werden und bedarf in jedem Einzelfall einer abwägenden Wertung. Die individuellen Unterschiede der Persönlichkeit des einzelnen sind zu berücksichtigen."

Wenn wir diesen Gedanken folgen, erreichen wir — wenn ich es kraß formulieren darf — den Tod jeder vernünftigen Grenzwertfestlegung. Die Bemühungen zentraler Stellen, z. B. des internationalen Arbeitsamtes Genf, waren deshalb gezielt auf die Erarbeitung von Dokumenten gerichtet, die zunächst Maßnahmen gegen die berufsbedingte Schwerhörigkeit enthalten. Damit fällt die Festlegung von Grenzwerten in die Kompetenz des einzelnen Staates, und internationale wissenschaftliche Vereinigungen bemühen sich, auf ihren Kongressen diese Grenzwerte zu diskutieren, den neuesten wissenschaftlichen Erkenntnissen anzupassen und vorzuschlagen, möglichst international harmonisierte Grenzwertbegriffe zur Anwendung zu bringen.

Seit dem Jahre 1970 gilt in der DDR — und in vielen anderen europäischen Ländern in Ost und West analog — der am Ohr des Menschen gemessene Dauerschallpegel von 90 dB (AI) als Grenzwert gegen berufsbedingten Gehörverlust (Abb. 1). Es handelt sich dabei um einen äquivalenten Dauerschallpegel, der als Maß für eine Lärmdosis dienen soll, die der Werktätige in einer Arbeitsschicht aufnimmt. Die Wirkung von Schallimpulsen, also sehr kurzzeitig einwirkenden Drücken mit steilem Pegelanstieg, ist berücksichtigt, zumal gerade von medizinischen Fachkollegen die besonders negative Wirkung von Schallimpulsen immer wieder betont wird.

Generell dürfen wir aber annehmen, daß an allen Arbeitsplätzen, an denen die 90 dB (AI) nicht überschritten werden, lärmbedingte Berufskrankheiten ausgeschlossen sind.

$$L_{eq} = \frac{10}{3} q \lg \left\{ \frac{1}{T} \sum_{i=1}^{n} \cdot 10^{\frac{3Li}{10q}} \cdot t_i \right\} \text{dB(AI)}$$

q = Äquivalenzparameter (bei Betriebsgeräuschen = 3)
T = Beobachtungszeit
t_i = Einwirkungszeit
Li = Schallpegel
AI = Impulsbewertung

Abb. 1 Dauerschallpegel

Wie ist nun die Situation in der DDR zur Zeit?

Nach neuesten Erhebungen — die sicher auch noch einige Dunkelziffern enthalten — gibt es derzeit in Industrie und Landwirtschaft etwa 600 000 Lärmarbeitsplätze, rund 1/2 Million in der Industrie und rund 100 000 in der sehr schnell und etwas einseitig industrialisierten Land- und Forstwirtschaft, d. h., an etwa 600 000 Arbeitsplätzen der DDR wird der zugelassene Grenzwert von 90 dB (AI) überschritten, herrschen also — nüchtern ausgedrückt — gesetzwidrige Zustände. Um die Werktätigen vor berufsbedingten Gehörverlusten zu schützen, müßten zumindest individuelle Schutzmittel in Form von Watte, Ohrtropfen oder Gehörschutzkapseln oder -helmen vorhanden sein.

Die Entwicklung der BK 33 zeigt (Abb. 2) also durchaus eine abfallende Tendenz, aber immer noch eine sehr deutliche Spitzenstellung des Lärms innerhalb aller 42 BK in der DDR.

Jahr	absolute Zugänge	%-Anteil aller 42 BK
1972	6203	52,6
1973	5864	51,9
1974	5798	49,8
1975	5330	48,3
1976	6046	49,0
1977	5467	45,3
1978	4669	42,4
1979	3611	38,6

Abb. 2 BK 33 — berufsbedingter Gehörverlust

Es sollen nun einige Bemerkungen zu möglichen Gesundheitsschäden durch Lärmeinwirkungen gemacht werden. Seit Jahren wird die Frage diskutiert: Gibt es neben dem eindeutig bestimmbaren Gehörverlust durch Innenohrschäden — also die BK 33 — eine andere Lärmkrankheit? Können Lärmereignisse, die uns reizen, unsere Konzentration beeinflussen, unseren Schlaf stören, zu Krankheiten führen (Abb. 3)?

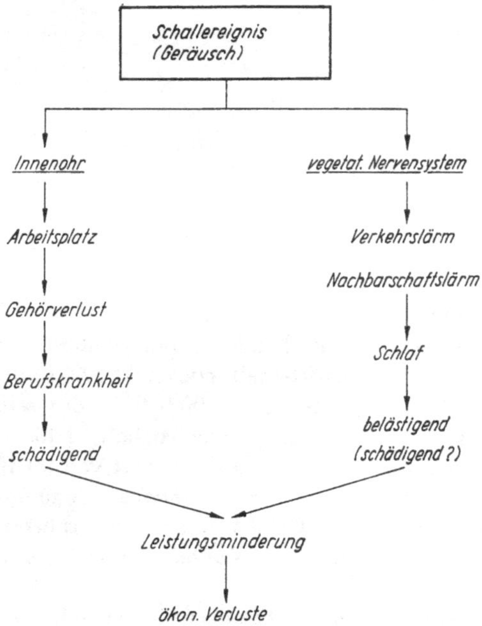

Abb. 3 **Schäden durch Lärmeinwirkungen**

Wenn wir vom Schallereignis ausgehen, sind immer mindestens zwei Wege der Gesundheitsschädignug, evtl. auch nur der Belästigung möglich. Dabei kommt dem Lärm am Arbeitsplatz die entscheidende Bedeutung zu, weil stationäre Lärmquellen dem Ohr sehr nahe sein können und die Gefahr entstehender Berufskrankheiten existiert, d. h. ein Absterben der Gehörnerven im Innenohr. Nach umfangreichen Forschungsarbeiten in vielen Ländern ist dieses Verkümmern der Haarzellen im Corti-Organ offensichtlich auf einen Stoffwechselmangel zurückzuführen, der z. Z. trotz intensiver Versuche auch medikamentös nicht aufzuhalten ist. Bei Vorhandensein von Impulsgeräuschen muß auch mit einem echten mechanischen Zerfall der Gehörnerven im Innenohr gerechnet werden.

Die möglichen Schäden durch Beeinflussung des vegetativen Nervensystems sind in der Hauptsache durch die Komplexe Verkehrslärm und Nachbarschaftslärm zu erwarten, wobei die Schlafbeeinträchtigung — besonders die mögliche Störung des Tiefschlafs — unbedingt an 1. Stelle zu zählen ist. Aber zunächst können wir hier noch nicht von einem Gesundheitsschaden sprechen, wohl nur von einer Belästigung, die aber z. T. reizbar macht, die Konzentration herabsetzt, Fehlhandlungen begünstigt, Unfallzahlen ansteigen läßt, also auch ohne direkte Gesundheitsschäden durchaus ökonomisch negative Folgen nach sich ziehen kann.

Existiert nun neben dem reinen Innenohrschaden, d. h. der echten Lärm-Berufskrankheit, noch eine andere Lärmkrankheit?

Hierzu möchte ich einige Meinungen vom letzten internationalen Lärmkongreß vom Oktober 1980 in Varna zitieren und kommentieren. Fest scheint zu stehen, daß Geräuscheinwirkungen etwa zwischen 40 und 85 dB, die also noch deutlich unter dem für das Innenohr schädlichen Grenzwert liegen, als Einfluß- oder Störgrößen für mittelbare Krankheitsquellen auftreten können. Auch die Einwirkungen extremer Frequenzen im Infra- oder Ultraschallbereich können durchaus gesundheitsgefährdende Wirkungen haben. Außerordentlich umstritten sind aber die vielfältigen Verfahren und die mitunter sogar etwas sensationell aufgemachten Ergebnisse über Versuche mit einzelnen Probandengruppen, deren statistische Sicherheit leider kaum nachprüfbar ist. Im Vordergrund stehen dabei Aussagen über die Beeinflussung bestimmter Werte des Blutspiegels durch Lärm, Fettsäure- und Glukosespiegel im Blut von Lärmarbeitern, Änderungen der Pupillenweite, des Hartwiderstandes durch Lärmeinflüsse u. ä. Nach eingehenden Konsultationen mit medizinischen Fachkollegen der DDR glauben wir feststellen zu müssen, daß quantitative Beziehungen zwischen Lärmeinwirkungen und Blutspiegelveränderungen mit aller gebotenen Vorsicht behandelt werden müssen. Versuchsreihen mit nur wenigen Probanden lassen sich auf keinen Fall verallgemeinern. Reaktionen auf Lärm, wie Minderung des Energieumsatzes, Änderung der Pupillenweite, der Herzfrequenz u. ä. müssen nicht krankhaft sein, sie sind vielmehr die Antwort des Organismus im Sinne physiologisch angelegter Reaktionen. Evtl. ist die Änderung des Mg-Gehaltes im Blut von Lärmarbeitern das nahezu einzige Kriterium, das tatsächlich gesundheitlich bedenklich werden könnte. Dennoch ist aber die Feststellung statthaft, daß — abgesehen vom Innenohrschaden — von einer weiteren „Lärmkrankheit“ nicht gesprochen werden kann.

Die Aufgaben der Lärmbekämpfung gliedern sich in die zwei großen Komplexe der primären (aktiven) oder sekundären (passiven) Möglichkeiten (Abb. 4). Der dritte Weg des individuellen Gehörschutzes ist der Vollständigkeit halber angegeben, er sollte als Bekämpfungsmaßnahme gar nicht in Erscheinung treten, sondern lediglich ständig daran erinnern, daß uns Technikern noch keine vernünftige andere Lösung eingefallen ist. Natürlich ist das Zustopfen der Ohren zunächst eine einfache und ökonomisch reizvolle Sache, durch die aber die Lärmquelle selbst überhaupt nicht beeinflußt wird.

Am attraktivsten ist ohne Zweifel die primäre Lärmbekämpfung am Lärmentstehungsort. Erfolge sind möglich durch den bewußten Eingriff in konservative Wirkprinzipien des Maschinenbaus, z. B. in Getriebesysteme, in Antriebsverfahren, in Fragen der Werkstoffwahl. Es gibt eine einfache Beziehung z. B. zwischen Drehzahlerhöhungen im Interesse von Leistungssteigerungen und der dabei abgestrahlten Schallemission (Abb. 5). Hier muß das reine Leistungsdenken des Maschinenbauers, zu dem er erzogen worden ist, im Interesse akustischer

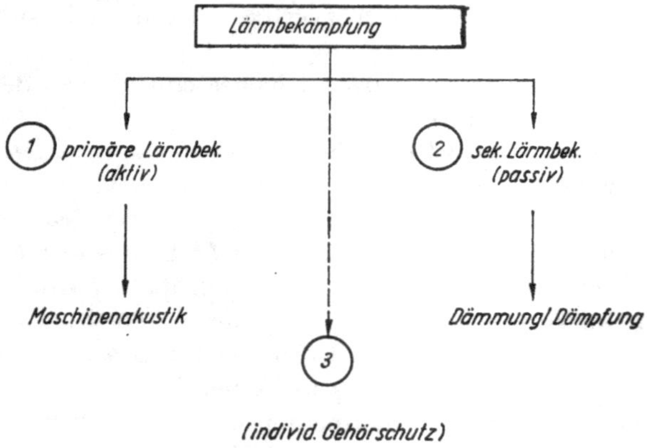

Abb. 4 **Lärmbekämpfung**

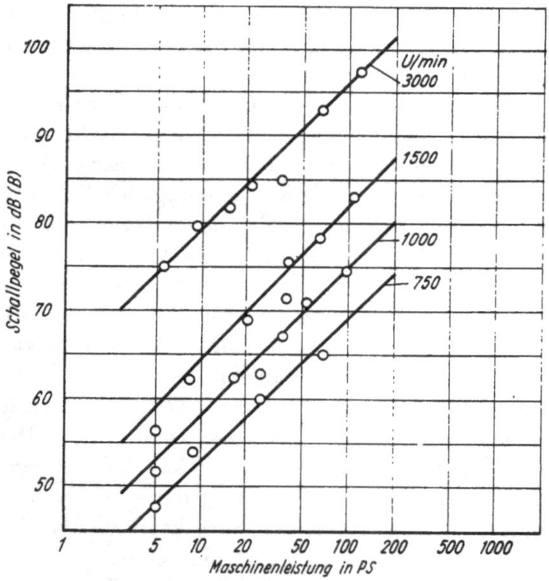

Abb. 5 Abhängigkeit der Schallpegel von Leistung und Drehzahl bei Elektromotoren

Erfolge verlassen werden. Die Wissenschaftsrichtung, die sich diesem sehr anspruchsvollen Komplex widmet, ist die Maschinenakustik. Wenn sie — hoffentlich bald — Erfolge erreicht, schlagen sich diese in einer echten Senkung der Schallpegel nieder, eben der Emission, so daß dann auch die Immissionen mit wachsender Entfernung von der Schallquelle deutlich sinken werden.

Der Weg der sekundären Lärmbekämpfung ist wissenschaftlich weitgehend erforscht und aufbereitet. Hierher zählen solche Maßnahmen wie Benutzung schallabsorbierender Materialien, Bau von Schalldämpfern, Einkapselung von Schallquellen, räumliche Trennung des Maschinenbedieners von der Lärmquelle, Bau von Lärmschutzkabinen u. ä. Immer aber bleibt auch hier die unbefriedigende Tatsache bestehen, daß an der Lärmquelle selbst nichts verändert wird.

Auf dieser sekundären Seite gibt es Erfolge von positiven Beeinflussungen der Schallausbreitung bis zum Bau von Lärmschutzfenstern für unterschiedliche, spezifische Aufgaben.

Von größerem, vor allem ökonomischem Interesse sind die Zusammenhänge innerhalb des Komplexes Lärm — Leistung. Inwieweit kann Lärm am Arbeitsplatz allgemein oder individuell Leistungen herabsetzen, also z. B. die Arbeitsproduktivität schmälern? Es gibt über dieses Thema eine große Anzahl von Veröffentlichungen, auf einige wenige gehe ich noch ein, leider sind die mitunter erstaunlichen Ergebnisse selten überprüfbar.

Gestatten Sie, daß ich einige Aussagen von der Bergakademie Freiberg vortrage, die als Ergebnis eines mehrjährigen Forschungsauftrages innerhalb des Komplexthemas Arbeitsmedizin entstanden sind.

Im vergangenen Jahrzehnt ist im Kalibergbau der DDR eine umfangreiche technische Rekonstruktion im gesamten Lade- und Förderprozeß erfolgt. Der Transport des gewonnenen Kalirohsalzes wird heute ausschließlich mit dieselangetriebenen Großfahrzeugen durchgeführt.

Dieser moderne technologische Prozeß hat an die Bergleute, besonders an die Großgerätefahrer, neue, erhebliche Anforderungen an Aufmerksamkeitsleistung, Konzentration, Reaktionsverhalten gestellt und zusätzlich die Wirkung der Umweltfaktoren Lärm, Vibration, Klima, toxische Schadstoffe und Beleuchtung in den Vordergrund treten lassen. Das heißt, es haben sich Probleme ergeben, die in diesem Umfang nicht erwartet worden sind, obwohl die erforderlichen physischen Leistungen des Bergmanns eindeutig gesunken sind.

In einer ersten Etappe unserer Arbeiten haben wir versucht, den möglichen Einfluß des Lärms auf die spezifische Leistung des Großgerätefahrers zu quantifizieren. Es sind umfangreiche Versuche direkt vor Ort unter Tage und als Simulation im Labor mit Studenten als Versuchspersonen durchgeführt worden.

Mit Hilfe geeigneter Testmethoden wurde der Lärmeinfluß auf verschiedene geistige Aufgabenstellungen untersucht. Dabei wurde die Steuertätigkeit des Großgerätefahrers modelliert, desgleichen die Schalt- und Fahrhandlungen mit Messung der Reaktions- und Handlungszeiten und immer wieder unter Lärmbelastungen, die mit Originalbetriebsgeräuschen vom Band abgespielt worden sind, und zwar in den Stufen 75, 90 und 102 dB (AI).

Nach Auswertung von 275 Veröffentlichungen aus dem internationalen Schrifttum und Vergleich mit unseren Versuchsergebnissen zeigen sich folgende Tendenzen:

1. Lärm wirkt bei Schalldrücken bis etwa 90 dB auf zahlreiche manuelle Tätigkeiten durchaus aktivierend. Dabei werden Persönlichkeitsunterschiede deutlich.

2. Junge Menschen — etwa bis 25 Jahre — werden durch Lärm offensichtlich stärker motiviert als ältere Werktätige und bezeichnen Lärmereignisse überwiegend als wenig störend.
3. Daraus folgt, daß ein gewisses Aktivationsniveau durch Lärm bis etwa 90 dB durchaus bis zu einem gewissen Leistungsoptimum gehoben werden kann, das bei höheren Schalldrücken dann signifikant absinkt.
4. Deutliche Leistungsminderungen sind bei 102 dB nachweisbar. Lärm beschleunigt dann die Ermüdung, führt zu Verlusten der Bewegungskonzentration und erhöht die Unfallgefahr.
5. Die Lärmwirkungen sind tätigkeitsspezifisch und um so stärker, je höher die Tätigkeitsanforderungen sind.
6. Bei Tätigkeitsanforderungen von Großgerätefahrern unter Tage spielt die Routine bzw. bei den studentischen Probanden der Übungseinfluß eine erhebliche Rolle. Wir haben deshalb das erste Drittel der insgesamt untersuchten 675 Fahrzyklen nicht in die Ergebnisauswertung einbezogen.

An quantitativen Aussagen kann festgestellt werden:

Nach der statistischen Auswertung der Meßergebnisse mit der EDV zeigte sich, daß der Streubereich der Einzelwerte nicht so hoch ausfiel wie erwartet, er liegt bei ± 2% des Mittelwertes.

— Der Schaufelfüllungsgrad des Großladefahrzeuges verbessert sich bei 90 dB um 2,2%, um bei 102 dB im Durchschnitt auf 96% der ursprünglichen Menge zu sinken. Der Leistungsverlust liegt bei höchster Lärmbelastungsstufe also bei 1,8%. (Abb. 6)

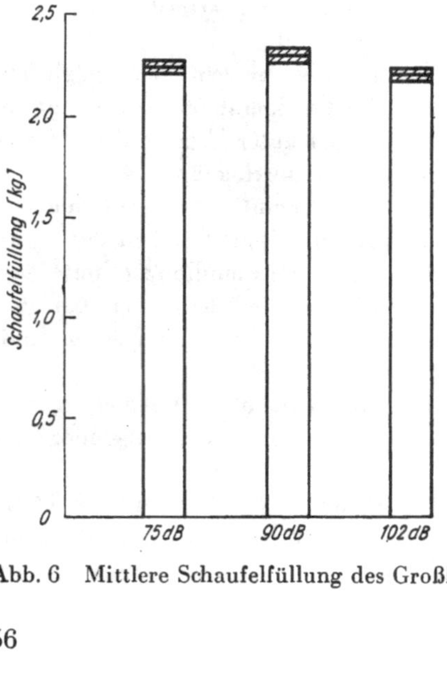

Abb. 6 Mittlere Schaufelfüllung des Großladefahrzeuges bei Lärmbelastung

— Die Förderleistung insgesamt sinkt bei der höchsten Lärmbelastungsstufe ebenfalls auf 96% (Abb. 7).

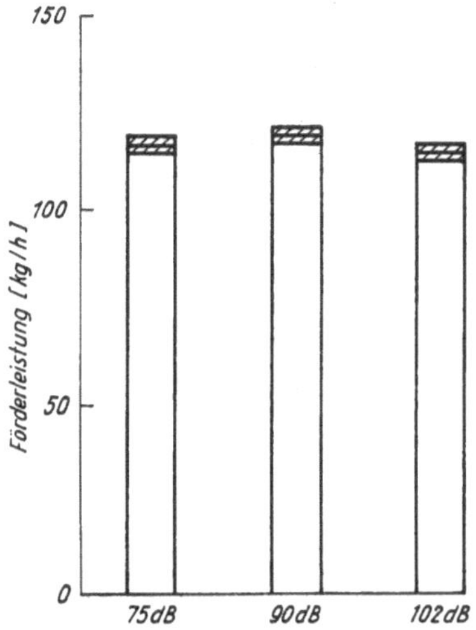

Abb. 7 Mittlere Förderleistung bei Lärmbelastung

— Entscheidend fallen die Fahr- und Bedienungsfehler ins Gewicht. Sie vergrößern sich bei 102 dB um 15% gegenüber 90 dB Lärmbelastung. Einschränkend muß aber bemerkt werden, daß diese Werte ausschließlich im Labor ermittelt wurden. Eine direkte Übertragung auf Untertageverhältnisse ist nicht ohne weiteres statthaft, weil geologische Bedingungen, Klimagrößen, unterschiedliche Beschaffenheit der Fahrbahnverhältnisse u. ä. die Ergebnisse wesentlich verändern können (Abb. 8).
— Das Leistungsverhalten der einzelnen Versuchspersonen ist keinesfalls gleich. Aus diesem Grunde muß immer eine gewisse Trainings- bzw. Einarbeitungszeit vorausgehen, um alle Probanden unter annähernd gleichen Bedingungen beobachten zu können (Abb. 9).

Als vorläufige, zusammenfassende Aussage kann postuliert werden, daß Lärm im Lade- und Förderzyklus des Kalibergbaus Leistungseinbußen bringt, wenn die Schallimmission 90 dB überschreitet. Bei 100 dB sind die Verluste mit insgesamt ~ 5% gegenüber der Förderleistung anzusetzen, die ohne wesentliche Lärmeinwirkungen erreicht wird. Es sei aber nicht verschwiegen, daß Lärm nur *ein* Belastungsfaktor ist. Nach vorliegenden Zwischenauswertungen der z. Z. laufenden Forschungsarbeiten können Staub, Vibration und extreme Klimawerte ähnliche oder höhere Leistungseinbußen ergeben.

Der Stellenwert des Lärms — so sagen Untersuchungen aus dem Steinkohlen-

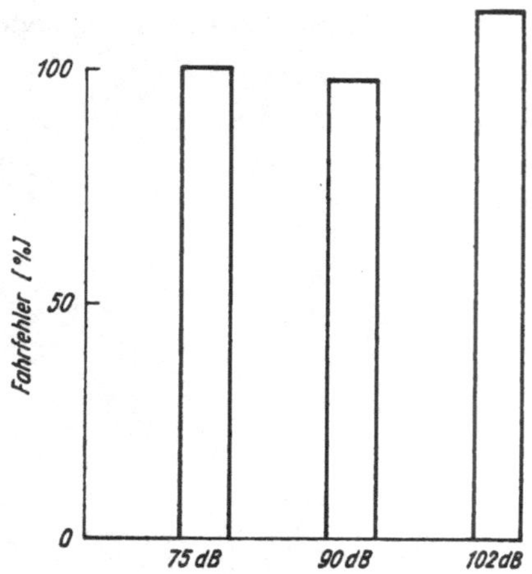

Abb. 8 Fahrfehler bei Lärmbelastung

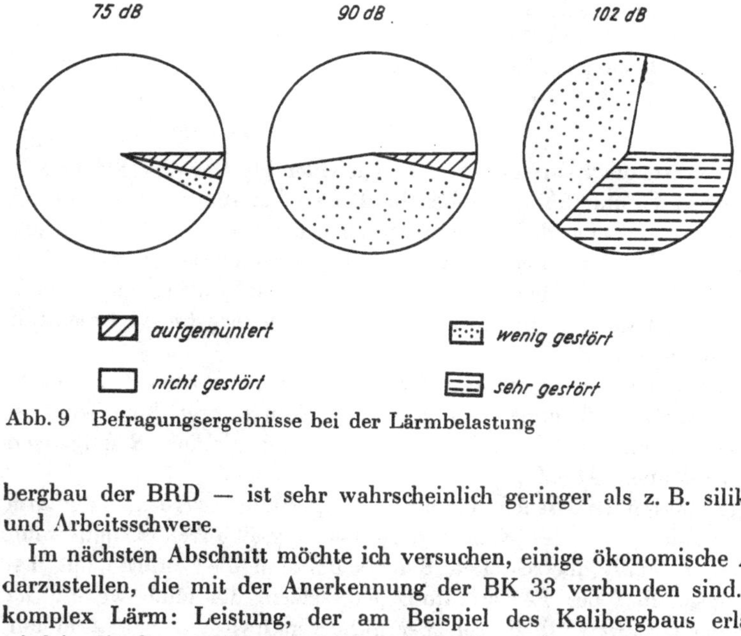

Abb. 9 Befragungsergebnisse bei der Lärmbelastung

bergbau der BRD — ist sehr wahrscheinlich geringer als z. B. silikogener Staub und Arbeitsschwere.

Im nächsten Abschnitt möchte ich versuchen, einige ökonomische Auswirkungen darzustellen, die mit der Anerkennung der BK 33 verbunden sind. Der Einflußkomplex Lärm: Leistung, der am Beispiel des Kalibergbaus erläutert wurde, wird in die Gesamtbilanz einbezogen und durch Untersuchungen aus anderen Industriezweigen ergänzt.

Volkswirtschaftliche Auswirkungen zu hoher Schallpegel sind bisher nur an Einzelbeispielen aufgezeigt worden. Hartig hat mit einer Dissertation an der TU

Dresden, deren wesentlichste Ergebnisse 1979 in einer Broschüre beim Tribüne-Verlag erschienen sind, versucht, die möglichen ökonomischen Verluste zu erfassen, zu klassifizieren und die Einzelfaktoren zu simulieren. Eigene Untersuchungen in Betrieben des Bergbaus und des Hüttenwesens, die in Verbindung mit Aufzeichnungen der jeweiligen Betriebsambulatorien durchgeführt worden sind, zeigen nach Abstimmung mit der Arbeit von Hartig folgende Wichtung von ökonomischen Auswirkungen durch Lärm:

1. Zahlung von Teilrenten
2. Krankenstandserhöhungen
3. Arbeitsplatzwechsel
4. Leistungsminderungen
5. Erschwerniszuschläge
6. Exportverluste

Zu den Unterpunkten 1, 2 und 4 liegen quantitative Ergebnisse vor, die mit gewissen Toleranzen auf den gesamt-volkswirtschaftlichen Rahmen übertragen werden können. Analoge Untersuchungen sind aus anderen Ländern bekannt, sie werden dann zitiert. Zu den Unterpunkten 3, 5 und 6 sind vertretbare Ermittlungen mit einigermaßen quantitativen Aussagen in unserem Lande noch nicht durchgeführt worden.

Zu Punkt 1

Bei Anerkennung einer Berufskrankheit Nr. 33 — berufsbedingter Gehörverlust — zahlt die SV eine monatliche Teilrente je nach Höhe der ausgewiesenen bleibenden körperlichen Leistungsminderung bis zum Eintritt des Rentenalters. An derartigen Renten sind in den letzten Jahren gezahlt worden:

1976 etwa 38 Mio. Mark
1978 etwa 43 Mio. Mark
1980 voraussichtlich 50 Mio. Mark

Mit einem ständigen weiteren Ansteigen muß man rechnen, da ja die alten Jahresbeträge sich stets kommulativ um die jeweiligen Neuanerkennungen an Lärm-Berufskranken erhöhen.

Von großem Interesse ist nun die Beantwortung der Frage, nach wieviel Jahren Lärm-Einwirkungszeit bei bestimmter physikalischer Schallstruktur am Arbeitsplatz mit Gehörverlusten, die als BK anerkannt werden müssen, zu rechnen ist. Umfangreiche Untersuchungen in Dresden, Jena und Freiberg führten zu einem Lärm-Dosismodell, dessen Auswertung z. Z. folgendes aussagt:

Mit der Anerkennung der Berufskrankheit ist zu rechnen

bei $L_{eq} = 95$ dB nach ca. 35 Jahren
bei $L_{eq} = 100$ dB nach ca. 20 Jahren
bei $L_{eq} = 110$ dB nach ca. 10 Jahren
bei $L_{eq} \geqq 115$ dB nach ca. 5 Jahren

Bei diesen Berechnungen müssen unbedingt die wichtigsten physikalischen Parameter einbezogen werden wie Grundgeräuschpegel, Impulsspitzenwerte, die Entfernung des Werktätigen zur Lärmquelle, die Bandbreite der Geräusche, d. h. die vorherrschenden Frequenzen. Die Bedeutung von Lärmpausen ist nach wie vor umstritten. Wir glauben, daß die bisherigen Untersuchungen folgenden Schluß zulassen:

Bei Lärmexponierten ab 22. Lebensjahr ist das eindeutige Eintreten einer Berufskrankheit zu erwarten bei

L_{eq} = 90 dB im Alter von 43 Jahren bei ≧ 20% der Exponierten
L_{eq} = 100 dB im Alter von 43 Jahren bei ≧ 50% der Exponierten
L_{eq} = 105 dB im Alter von 35 Jahren bei ≧ 50% der Exponierten
L_{eq} = 110 dB im Alter von 30 Jahren bei ≧ 50% der Exponierten

Diese Aussage sollte für alle Betriebe mit Lärmarbeitsplätzen wirksame prophylaktische Maßnahmen auslösen, um die Gefahr von Berufskrankheiten rechtzeitig abzuwenden.

Zu Punkt 2

Eine immer wieder umstrittene und oft mit viel Spekulationen belastete Frage ist, ob Lärm mittelbar zu einer Erhöhung des „normalen" Krankenstandes entscheidend beitragen kann. Ich stütze mich auf Untersuchungen aus der SU, der ČSSR, der BRD und der Schweiz, bei denen aber die statistische Absicherung der ausgewiesenen Zahlen schwer nachweisbar ist. Zur Erinnerung sei wiederholt:

Eine offizielle Lärmkrankheit gibt es nicht, wohl kann Lärm aber wahrscheinlich beginnende Krankheiten beschleunigen auch verlängern.

Weitreichende und in ihren Ergebnissen durchaus bedeutende Untersuchungen sind in unserem Lande bei Carl-Zeiss-Jena, in der Textilindustrie und von Frau Prof. Renker im Bezirk Halle durchgeführt worden. Frau Renker hat bei 807 anerkannt Lärmkranken zusätzliche Diagnosen auf Herz- und Kreislauferkrankungen gestellt und dabei ermittelt: Der Durchschnitt der Herz-Kreislauferkrankungen liegt im Bezirk Halle bei 6,7%, bei den untersuchten Lärmkranken aber bei 28,9%, in der Hauptsache Hypertonie.

Hier besteht offensichtlich ein direkter Zusammenhang zwischen Hypertonie und Lärmbelastung am Arbeitsplatz, der sich auch in der Verlängerung der Krankheitsdauer auswirken und damit ökonomisch niederschlagen kann.

Ähnliche Aussagen machten Galakov u. a. aus der Sowjetunion, die bei der Untersuchung von 400 Lärmarbeitern einen zwischen 10 und 20% höheren Anteil an Hypertonikern im Vergleich zur sonstigen Belegschaft feststellen.

Die sorgfältige Analyse von 2300 Lärmarbeitern in einem Moskauer Maschinenkombinat, die Schallpegeln um 90 dB permanent ausgesetzt waren, zeigte eine zeitweilige Arbeitsunfähigkeit dieser Lärmarbeiter, die 1,8mal höher lag als die Krankheitsdauer der übrigen Kombinatsbelegschaft. Tschechische Autoren bestätigen für die Textilindustrie diese wesentliche Aussage. In Baumwollwebereien und -spinnereien lag die Krankheitshäufigkeit von Lärmarbeiterinnen 15—18% höher als bei Beschäftigten an lärmarmen Arbeitsplätzen. Aus der BRD wird — ebenfalls von Maschinenbaubetrieben — über einen erhöhten Häufigkeitsfaktor bei Angina auf 1,7 und bei Bronchitis auf 1,6—2,0 bei Lärmarbeitern berichtet.

Auf Grund dieser generellen Aussagen und nach eingehender Konsultation bei der SV kommt Hartig hinsichtlich der ökonomischen Auswirkung der Krankenstandserhöhung durch Lärm zu folgender relativ konkreten Feststellung:

Die ökonomischen Verluste von durch Lärm verursachten Produktionsausfällen infolge häufigerer und längerer Krankheitsfälle betragen jährlich etwa das 1,6 bis 2,0fache der BK-Rentensumme für berufsbedingte Hörgeschädigte, liegen also in der DDR derzeit jährlich bei etwa 75—100 Mio. Mark.

Zu Punkt 3

Bei diesem Punkt — den ökonomischen Folgen von angewiesenen Arbeitsplatzwechseln bei schnellem Fortschreiten des Hörverlustes — sind nur sporadische Angaben vorhanden. Derartige Arbeitsplatzwechsel, die im Normalfall der Betriebsarzt verfügt, werden z. Z. bei uns zentral nicht erfaßt.

Bei einer Tiefenuntersuchung im Bezirk Dresden wurde bei 133 angeordneten Arbeitsplatzwechseln eine deutliche Häufung bei Berufen der Metallver- und Metallbearbeiter festgestellt, nämlich 27 Schlosser, 25 Schmiede und 12 Schweißer, das sind zusammen etwa 48% aller Fälle. Konkrete Aussagen über Minderverdienste an den neuen Arbeitsplätzen liegen nicht vor. Ähnliches gilt bei der Frage evtl. Fluktuation von Arbeitskräften wegen zu hoher Lärmpegel. Im Bergbau der DDR — den wir von Freiberg aus in dieser Frage seit etwa 10 Jahren verfolgen — ist von einer tatsächlichen Fluktuation allein aus Lärmgründen überhaupt nicht zu sprechen.

Alles in allem glauben wir zu diesem Punkt — also zu Arbeitsplatzwechseln und zur Fluktuation — mit ökonomischen Verlusten rechnen zu können, die deutlich unter 1 Mio. M/Jahr liegen und damit erheblich unter den anderen Verlustquellen zurückbleiben.

Zu Punkt 4

Über die Verringerung der individuellen Leistungsfähigkeit durch Lärmeinwirkungen, besonders am Arbeitsplatz, wurde schon berichtet. Aus dem Studium der Literatur der wichtigsten Industrieländer geht hervor, daß nach der erfolgreichen Sanierung von Lärmarbeitsplätzen fast immer eine Leistungssteigerung eingetreten ist. Der angegebene Prozentsatz dieser Steigerung variiert aber beträchtlich. In Tab. 1 sind einige Beispiele gezeigt, ohne allerdings zu den angegebenen technischen Veränderungen genaue Aussagen machen zu können.

Es ist zu erwarten, daß eine Erhöhung der Arbeitsproduktivität bei einer ganzen Reihe spezifischer Fälle nach abgeschlossener Lärmbekämpfung eintritt. Ein ein-

Tabelle 1 Lärmeinfluß auf die Leistung

Betriebsart Tätigkeit	ursprüngl. Schallpegel (dB)	Maßnahmen	Pegelsenkung (dB)	Leist.steigerg. %
Metallind. Wälzlagerabt. VRP	127	techn. Veränderungen Absorption an Wänden	15...20	15
Masch. fabrik USA	95	techn.-organ. Änderungen	7	5
Weberei UdSSR	90—105	nicht angegeben	10—15	3
Konfektionsbetrieb DDR	82	techn. Veränderungen	10	13
Textilbetrieb England	96	Gehörschutzkapseln	11—16	12
Schreibmasch.-saal Jugoslavien	42	nicht angegeben	6	8
Briefsortierautomaten UdSSR	80	schallschluckende Auskleidung	10	20% Senkung d. Fehlerzahl
Fernmeldeamt Warschau	65	Schallabsorption der Wände u. Decken	9	15% Senkung d. Fehlerzahl

deutiger Einfluß ist besonders dort nachweisbar, wo Tätigkeiten mit hoher Konzentrations- und Aufmerksamkeitsleistung erforderlich sind. Eine für ökonomische Betrachtungen verwertbare konkrete Zahlenangabe ist aber für diesen Punkt der Untersuchungen noch nicht möglich. Er kann im Bereich mehrerer 100 Millionen Mark liegen.

Es folgen einige Bemerkungen zu möglichen ökonomischen Verlusten infolge verminderter Exportleistung bei Maschinen, Geräten und Werkzeugen. Nach der in den meisten Ländern üblichen Gesetzgebung müssen Exporte den Forderungen, also auch den Schallschutzforderungen des Käufers und nicht denen des Herstellerlandes entsprechen. Inwieweit in allen Fällen unsere Exporte diesen Bedingungen genügen, ist kaum zu erfahren. Aber die Gefahr besteht, daß ein Käufer bei zu hoher Schallemission von Exponaten Preisnachlässe fordert oder evtl. vom Kaufvertrag ganz zurücktritt. Wir haben — auch durch gezielte Initiativen über die KDT — immer wieder gefordert, lärmarme Maschinen oder Geräte durch sinnvolle Stimulationen besonders auszuzeichnen. Das kann auf der Leipziger Messe geschehen, das sollte unter anderen auch durch die Möglichkeiten erhöhter Verkaufspreise für lärmarme Konstruktionen belohnt werden. Ansätze für diese Wege sind vorhanden, sie müßten aber ausgebaut und intensiviert werden.

Gestatten Sie mir den Versuch, über die möglichen ökonomischen Verluste durch zu hohen Lärm, vorrangig Arbeitslärm, eine Zusammenfassung zu wagen. Ausreichendes Zahlenmaterial existiert über die Rentenzahlungen, die mögliche Erhöhung des Krankenstandes und die Verringerung der individuellen Leistungsfähigkeit, also die Beeinflussung der Arbeitsproduktivität durch Lärm. Aber auch dieses Zahlenmaterial ist sehr sorgfältig zu analysieren und mit notwendigen Toleranzbereichen zu behandeln. Nicht ausreichende und nur auf Einzelbeispiele beschränkte Angaben sind derzeit bei den Erschwerniszuschlägen vorhanden, die für Lärmarbeitsplätze gezahlt werden, ebenso bei den Verlusten für verminderten Export. Dennoch sei die Aussage gestattet, daß der Lärm unserer Volkswirtschaft jährliche Verluste zufügt, die mit Sicherheit nicht sehr weit von der Milliardengrenze entfernt sind.

Ich möchte aber auch mit Nachdruck darauf verweisen, daß diese Überlegungen den individuellen Einfluß des Lärms auf die Persönlichkeit des Werktätigen völlig außer acht lassen. Es sollte unter sozialistischen Produktionsverhältnissen immer besser möglich werden, unsere Menschen prophylaktisch vor evtl. gesundheitlichen Schäden — in aller erster Linie im Berufsleben — zu schützen.

Welche vordringlichen Aufgaben sind im Perspektivplanzeitraum, also in den Abschnitten 1981—85, dann bis 1990, dann bis 2000 vordringlich zu lösen?

Es zeichnen sich drei Schwerpunkte ab. Erster Schwerpunkt muß die weitere intensive Beschäftigung mit der Maschinenakustik sein. Dieser Weg der primären Lärmbekämpfung an der Schallquelle verspricht auch hohen ökonomischen Nutzen. Es ist aber notwendig, die in den nächsten Jahren zu erwartenden Forschungsergebnisse schnell und nahtlos in der Praxis zu realisieren. Das wird nur möglich sein, wenn ausgebildete Kader in den Industriezweigen vorhanden sind, die diese Anforderungen erfüllen können. Daher muß der zweite Schwerpunkt heißen: Umfassende Ausbildung an Hoch- und Fachschulen auf den Gebieten der technischen Akustik und der Lärmbekämpfung. Einen einheitlichen Lehrplan gibt es in der DDR nicht. Einzelne Lehrveranstaltungen, z. B. an der TU Dresden, in Leipzig und in Freiberg sind ausschließlich durch das persönliche Engagement einiger weniger Hochschullehrer zustande gekommen.

Der dritte Schwerpunkt muß sich auf gewisse, nach ihrer Wichtigkeit aufgeschlüsselte Einzelgebiete der Lärmbekämpfung konzentrieren. So müssen wir z. B. schneller als bisher mit der Verkehrslärmbekämpfung und dem Nachbarschaftsschutz gegen Lärm vorankommen. Es ist bis 1985 vorgesehen, den Straßenverkehrslärmpegel in der DDR um 10 dB zu senken.

Hinter dieser ganz schwer zu realisierenden Forderung verbirgt sich ein ganzes Bündel notwendiger Einzelaufgaben, die sehr gewissenhaft in Form von Strategien für einzelne Kombinate der Volkswirtschaft, einzelne Forschungsinstitutionen und eben auch die Hochschulen aufgegliedert werden müssen.

Zum Schluß darf ich feststellen:

Wir haben auf dem Gebiet der Lärmbekämpfung national und international manches erreicht, ohne zufrieden sein zu können, denn leider ist der Lärm zu einer Größe der Gegenwart geworden; aber er hat keine Größe — wahre Größe ist ohne Lärm. Wir spüren aber täglich: Unsere Welt ist lauter geworden. Und bei aller Anerkennung der mit Intensität betriebenen Aufgaben der Lärmbekämpfung und ihren bisherigen Ergebnissen scheint eines festzustehen: Wir müssen auch in den nächsten Jahren mit dem Lärm leben!

ISSN 0138—3956

Kolibri 360 GmbH
Ferdinand-Jühlke-Straße 7
99095 Erfurt, Deutschland
produktsicherheit@kolibri360.de